もくじ

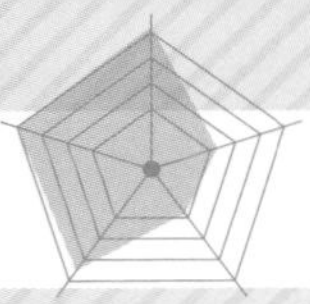

本書の特長と使い方

本書の特長

- 高校入試の勉強をこれから本格的に始めたい人におすすめの問題集です。
- 中学校で学習する数学の内容が30単元に凝縮されています。1冊取り組むことで，自分がどれくらい理解しているのか，どの分野を苦手にしているのかを明確にすることができます。
- 解答には，答えと解説だけでなく，注意すべき点や学習のポイントなどもまとまっており，明確になった苦手分野を対策するためのフォローが充実しています。

本書の使い方

step1

まずは，本冊の問題に取り組みましょう。その際，教科書や参考書などは見ずに，ヒント無しで解くようにしましょう。

その単元を学習する学年の目安です。まだ習っていない単元がある場合は，習った単元から取り組んでみましょう。

その単元の合計得点と，問題ごとの得点が，両方記入できるようになっているので，苦手な分野・苦手な問題を把握しやすくなっています。

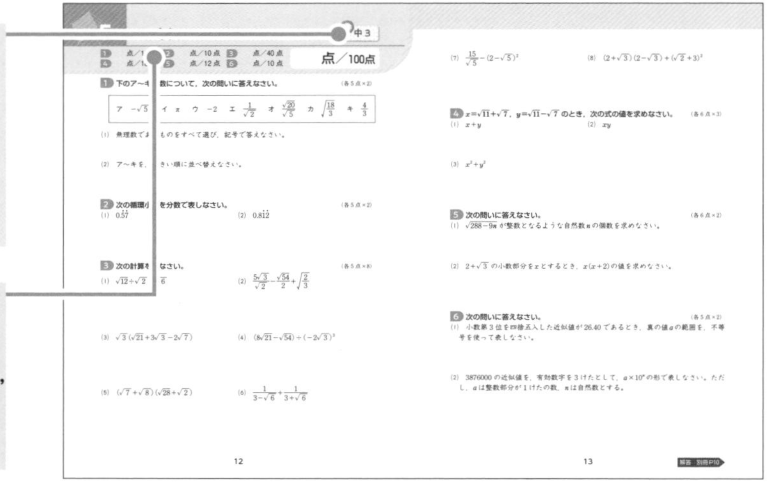

step2

解き終わったら答え合わせをして得点を出し，別冊解答P62・63にある「理解度チェックシート」に棒グラフで記入して，苦手分野を「見える化」しましょう。

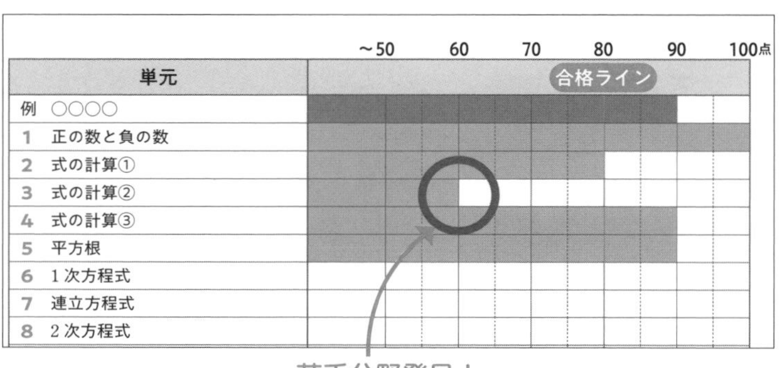

単元	～50	60	70	80	90	100点
例　○○○○						
1　正の数と負の数						
2　式の計算①						
3　式の計算②						
4　式の計算③						
5　平方根						
6　1次方程式						
7　連立方程式						
8　2次方程式						

step3

得点が低かった単元は，そのページの解答にある「学習のアドバイス」や「覚えておきたい知識」を読んで，今後の学習にいかしましょう。

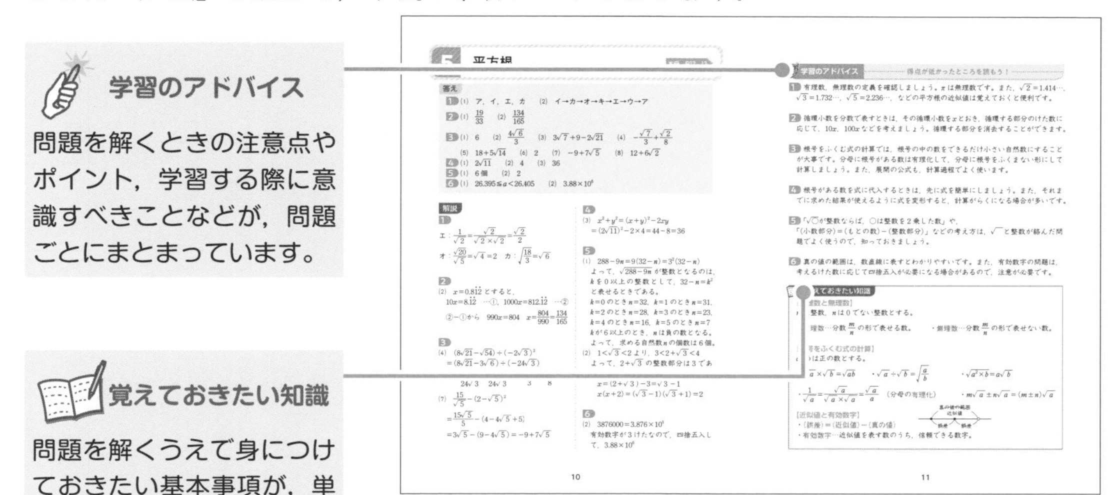

今後の学習の進め方

本書を一通り終えたら，次のように学習を進めていきましょう。

① すべての単元が，「合格ライン」80 点以上の場合
…入試に向けた基礎力はしっかりと身についているといえるでしょう。入試本番に向けて，より実践的な問題集や過去問に取り組み，応用力を鍛えましょう。

② 一部の単元が，「合格ライン」80 点に届かない場合
…部分的に，苦手としている単元があるようです。今後の勉強に向けて，問題集や参考書で苦手な単元を集中的に復習し，克服しておきましょう。

③ 多くの単元が，「合格ライン」80 点に届かない場合
…もう一度，基礎をしっかりと学び直す必要があるようです。まずは教科書を丁寧に読み直し，基本事項の理解や暗記に努めましょう。

1 正の数と負の数

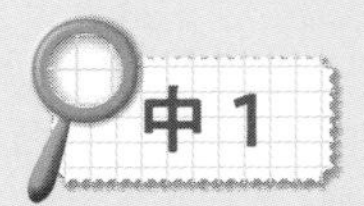

1 　点／25点　2 　点／30点　3 　点／25点
4 　点／10点　5 　点／10点

点／100点

1 下のア～キの数について，次の問いに答えなさい。（各5点×5）

ア -2　イ $+0.4$　ウ 0　エ $-\frac{1}{2}$　オ $+3$　カ -1.1　キ $+\frac{9}{5}$

(1) 整数のうち，自然数ではないものをすべて選び，記号で答えなさい。

(2) 絶対値が1より小さい数をすべて選び，記号で答えなさい。

(3) ア～キを，大きい順に並べ替えなさい。

(4) ア～キを，絶対値が大きい順に並べ替えなさい。

(5) もっとも大きい数からもっとも小さい数をひいた差を求めなさい。

2 次の計算をしなさい。（各5点×6）

(1) $14-(-8)+(-13)-7$

(2) $\frac{3}{4}\times\left(-\frac{2}{9}\right)\div\left(-\frac{5}{12}\right)$

(3) $7\times8-(-52)\div4+1$

(4) $-\frac{6}{13}\div\left(-\frac{3}{2}\right)^2\times\frac{1}{8}$

(5) $-4^2+\{(5-9)+(-4)^2\}\div(-3)$

(6) $158\times25+\{23-(-19)\}\times5^2$

3 次の問いに答えなさい。 (各5点×5)

(1) 次の数を素因数分解しなさい。

① 28　　② 84

③ 147　　④ 625

(2) 220にできるだけ小さい自然数をかけて，ある自然数の平方にするには，どのような自然数をかければよいか求めなさい。

4 下の表は，6個のりんごA～Fのそれぞれの重さとりんごAの重さとの違いを，りんごAより重い場合は正の数で，軽い場合は負の数で表したものである。次の問いに答えなさい。 (各5点×2)

りんご	A	B	C	D	E	F
重さの違い(g)	0	−9.6	+10.3	+6.8	−1.4	+2.9

(1) もっとも重いりんごは，もっとも軽いりんごより何g重いか求めなさい。

(2) 6個のりんごA～Fの重さの平均が301.5gであるとき，りんごEの重さを求めなさい。

5 次のことがらについて，常に正しい場合は○を，そうでない場合は×を答えなさい。 (各5点×2)

(1) 2つの自然数で減法の計算をしたとき，答えは必ず自然数になる。

(2) 2つの整数で乗法の計算をしたとき，答えは必ず整数になる。

解答 別冊P2

2 式の計算①

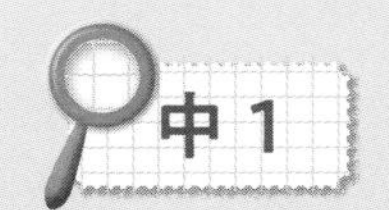

1	点／20 点	2	点／24 点	3	点／40 点
4	点／10 点	5	点／ 6 点		

点／100点

1 次の数量を文字式で表しなさい。 (各 4 点×5)

(1) 1 個 p 円のお菓子を 3 個買い，1000 円を支払ったときのおつりの金額

(2) ある学校の昨年の生徒数は q 人であったが，今年は昨年よりも 10%増えた。来年は今年よりもさらに 10 人増えるとき，来年の生徒数

(3) 全部で $x$km ある道のりを，分速 60m で y 分歩いたときの残りの道のり[m]

(4) 高さが $h$cm，面積が $S\text{cm}^2$ の三角形の底辺の長さ[cm]

(5) 百の位の数が a，十の位の数が b，一の位の数が c の自然数から，百の位の数が c，十の位の数が b，一の位の数が a の自然数をひいた値

2 次の式の値を求めなさい。 (各 4 点×6)

(1) $x=4$ のとき $\dfrac{3x-4}{5}$

(2) $y=-2$ のとき $-y^2$

(3) $a=-3$ のとき $3a^2-3a+1$

(4) $b=5$ のとき $0.2b^2-0.4b$

(5) $x=-1$，$y=3$ のとき $4y-x^2+8$

(6) $p=2$，$q=-5$ のとき $-\dfrac{1}{p^2+q^2}$

3 次の計算をしなさい。

（各 5 点×8）

(1) $-4(-3a+2)$

(2) $(-28a-21)\div(-7)$

(3) $3(5b+4)-2(b-1)$

(4) $(12b-18)\div(-3)+(-10b+15)\div 5$

(5) $\dfrac{7x+5}{6}-\dfrac{-3x+9}{4}$

(6) $(0.3x+0.7)-\dfrac{-x+6}{5}$

(7) $2\left(\dfrac{5y-9}{4}-\dfrac{-3y+1}{2}\right)$

(8) $12\left(\dfrac{8y+5}{3}+\dfrac{-y+3}{4}\right)-29(y+1)$

4 次の数量の関係を，等式または不等式で表しなさい。

（各 5 点×2）

(1) x%の食塩水 300g に y%の食塩水 200g を加えた食塩水にふくまれる食塩の量は，46g である。

(2) 長さ am のひもから長さ $b$cm のひもを 4 本切り取ると，残りのひもの長さは 5cm より短い。

5 右の図のように，長さ 10cm のリボンを，のりしろの幅が 1cm となるようにつないでいく。リボンを n 本つないだときの全体の長さを，n を用いて表しなさい。

（6 点）

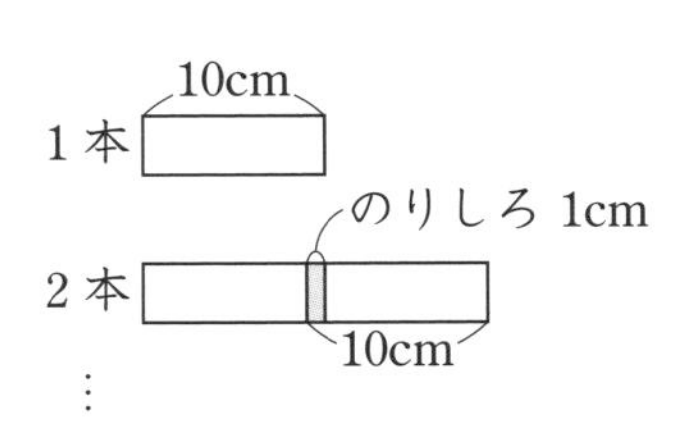

解答　別冊 P4

3 式の計算②

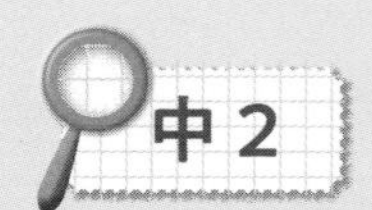

1	点／15点	2	点／40点	3	点／15点
4	点／24点	5	点／ 6点		

点／100点

1 下のア～カの式について，次の問いに答えなさい。 (各5点×3)

ア $6x^2y^2$　イ x^2-xy^2+y　ウ 1　エ $-2x^2+5$　オ y　カ y^3+3

(1) 単項式をすべて選び，記号で答えなさい。

(2) 式の次数がもっとも大きいものを選び，記号で答えなさい。

(3) 式の次数が等しいものはどれとどれか，記号で答えなさい。

2 次の計算をしなさい。 (各5点×8)

(1) $(7a-b)+(-3a+6b)$

(2) $(2a^2+a-9)-(-4a^2-a+1)$

(3) $3(2x^2-8x+3)-2(5x^2-7x-2)$

(4) $\dfrac{2x+y}{3}+\dfrac{x-y}{4}$

(5) $\dfrac{2}{3}xy^2\times\left(\dfrac{3}{2}xy\right)^2$

(6) $\left(\dfrac{1}{3}xy\right)^2\div(-6x^2y)$

(7) $6x^3y^2\times(3y)^2\div(-9y^3)$

(8) $(-4xy)^3\div(8x)^2\times(-5y)$

3 次の式の値を求めなさい。

（各 5 点×3）

(1) $a=-2$，$b=3$ のとき　$5(2a-b)+3(-4a+3b)$

(2) $p=6$，$q=-9$ のとき　$\dfrac{7p+5q}{3}-\dfrac{5p+4q}{2}$

(3) $x=\dfrac{1}{3}$，$y=-\dfrac{1}{4}$ のとき　$6x^2y^2\times(-2y)^3\div 4xy^4$

4 次の等式を，［　］内の文字について解きなさい。

（各 6 点×4）

(1) $4a-5b=15$　[b]

(2) $y=-\dfrac{3x+9}{2}$　[x]

(3) $2(p-2q)+3(2p-q)=1$　[p]

(4) $V=\dfrac{1}{3}\pi r^2h$　[h]

5 6 でわった余りが 4 になる自然数と，9 でわった余りが 5 になる自然数の和は，3 の倍数になることを証明しなさい。

（6 点）

解答　別冊P6

4 式の計算③

1 点／20点　2 点／32点　3 点／32点
4 点／10点　5 点／ 6点

点／100点

1 次の計算をしなさい。（各5点×4）

(1) $3ab^2(2a^2-4b-3)$

(2) $(28a^3b^4-21a^4b^2)\div(-7a^2b)$

(3) $(a^2+5b)(3a^2-ab-2b^2)$

(4) $(2x^2-3x+4)(x^2+6x-1)$

2 次の(1)〜(6)の式を展開しなさい。また，(7)・(8)の式の計算をしなさい。（各4点×8）

(1) $(x-9)(x+5)$

(2) $\left(2x+\frac{3}{2}\right)^2$

(3) $\left(\frac{x}{2}-\frac{y}{3}\right)^2$

(4) $(-8x+3y)(-8x-3y)$

(5) $(x-y+1)(x-y+7)$

(6) $(x+y-z)^2$

(7) $(x+1)(x+4)-(x+2)(x+3)$

(8) $(-2x+3)^2-(4x-3)(x-3)$

3 次の式を因数分解しなさい。　（各 4 点×8）

(1) $16a^3b+20ab^3$

(2) $x^2-xy-56y^2$

(3) $4x^2+20x+25$

(4) $9x^2-42xy+49y^2$

(5) $\dfrac{9x^2}{16}-\dfrac{4y^2}{25}$

(6) $-2x^3+4x^2+48x$

(7) $(x+2y)^2-5x-10y-24$

(8) $-3x^2y+x^2+12y-4$

4 次の計算をしなさい。　（各 5 点×2）

(1) $888^2-889\times887$

(2) $149\times151-49\times51$

5 連続する 2 つの奇数の積に 1 をたした数は，ある整数の平方になることを証明しなさい。　（6 点）

解答　別冊P8

5 平方根

1	点／10点	2	点／10点	3	点／40点
4	点／18点	5	点／12点	6	点／10点

点／100点

1 下のア～キの数について，次の問いに答えなさい。 （各5点×2）

ア $-\sqrt{5}$　イ π　ウ -2　エ $\dfrac{1}{\sqrt{2}}$　オ $\dfrac{\sqrt{20}}{\sqrt{5}}$　カ $\sqrt{\dfrac{18}{3}}$　キ $\dfrac{4}{3}$

(1) 無理数であるものをすべて選び，記号で答えなさい。

(2) ア～キを，大きい順に並べ替えなさい。

2 次の循環小数を分数で表しなさい。 （各5点×2）

(1) $0.\dot{5}\dot{7}$　　(2) $0.8\dot{1}\dot{2}$

3 次の計算をしなさい。 （各5点×8）

(1) $\sqrt{12}\div\sqrt{2}\times\sqrt{6}$　　(2) $\dfrac{5\sqrt{3}}{\sqrt{2}}-\dfrac{\sqrt{54}}{2}+\sqrt{\dfrac{2}{3}}$

(3) $\sqrt{3}(\sqrt{21}+3\sqrt{3}-2\sqrt{7})$　　(4) $(8\sqrt{21}-\sqrt{54})\div(-2\sqrt{3})^3$

(5) $(\sqrt{7}+\sqrt{8})(\sqrt{28}+\sqrt{2})$　　(6) $\dfrac{1}{3-\sqrt{6}}+\dfrac{1}{3+\sqrt{6}}$

(7) $\dfrac{15}{\sqrt{5}}-(2-\sqrt{5})^2$

(8) $(2+\sqrt{3})(2-\sqrt{3})+(\sqrt{2}+3)^2$

4 **$x=\sqrt{11}+\sqrt{7}$，$y=\sqrt{11}-\sqrt{7}$ のとき，次の式の値を求めなさい。** （各 6 点×3）

(1) $x+y$

(2) xy

(3) x^2+y^2

5 **次の問いに答えなさい。** （各 6 点×2）

(1) $\sqrt{288-9n}$ が整数となるような自然数 n の個数を求めなさい。

(2) $2+\sqrt{3}$ の小数部分を x とするとき，$x(x+2)$ の値を求めなさい。

6 **次の問いに答えなさい。** （各 5 点×2）

(1) 小数第 3 位を四捨五入した近似値が 26.40 であるとき，真の値 a の範囲を，不等号を使って表しなさい。

(2) 3876000 の近似値を，有効数字を 3 けたとして，$a\times10^n$ の形で表しなさい。ただし，a は整数部分が 1 けたの数，n は自然数とする。

解答 別冊P10

6 1次方程式

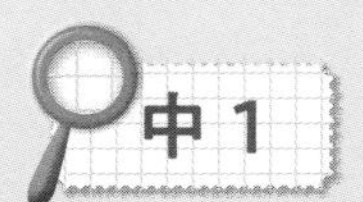

1	点／50点	2	点／20点	3	点／ 6点
4	点／12点	5	点／12点		

点／100点

1 次の方程式を解きなさい。 （各5点×10）

(1) $x-9=-2$

(2) $-12x=96$

(3) $\frac{5}{3}x-30=5$

(4) $2(x+1)+3(2x+1)=-11$

(5) $7x+6=4x-9$

(6) $3(x-1)-4(3x-2)=5(x+8)$

(7) $0.06x+0.09=0.2x-0.19$

(8) $\frac{3x-1}{2}+\frac{2x-5}{3}=13$

(9) $\frac{2x+7}{6}-\frac{x-6}{8}=\frac{2x+17}{12}$

(10) $0.1(x+3)+5=\frac{-x+4}{5}$

2 次の比例式について，xの値を求めなさい。 （各5点×4）

(1) $x:2=4:3$

(2) $8:(6x-16)=2:5$

(3) $2(x-1):3=3(x+4):27$

(4) $(6-x):(3x+5)=3:14$

3 xについての1次方程式 $\frac{a-3x}{4}+5=2(x-a)$ の解が1であるとき，aの値を求めなさい。　（6点）

4 消しゴムをクラスの生徒に配るのに，1人3個ずつ配ると12個余り，1人4個ずつ配ると29個たりなくなる。次の問いに答えなさい。　（各6点×2）

(1)　このクラスの生徒の人数を求めなさい。

(2)　消しゴムは全部で何個あるか求めなさい。

5 周囲が1120mの池のまわりを，兄と弟は同じ場所を同時に出発して，それぞれ一定の速さで歩く。兄の歩く速さは分速80m，弟の歩く速さは分速60mである。次の問いに答えなさい。　（各6点×2）

(1)　2人が反対向きに歩くとき，2人が初めて出会うのは，出発してから何分後か求めなさい。

(2)　2人が同じ向きに歩くとき，兄が弟をちょうど1周追い抜くのは，出発してから何分後か求めなさい。

解答　別冊P12

7 連立方程式

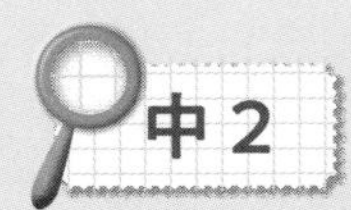

1	点／56点	2	点／14点	3	点／14点
4	点／ 8点	5	点／ 8点		

点／100点

1 次の連立方程式を解きなさい。 (各7点×8)

(1) $\begin{cases} 5x+2y=7 \\ 3x-2y=17 \end{cases}$

(2) $\begin{cases} 7x+3y=-2 \\ y=-5x-6 \end{cases}$

(3) $\begin{cases} 5x-6y=-12 \\ x-y=-3 \end{cases}$

(4) $\begin{cases} 4x+3y=-4 \\ 3x+2y=-1 \end{cases}$

(5) $\begin{cases} 2x-9y-2=0 \\ 3x-8y-14=0 \end{cases}$

(6) $\begin{cases} 3(x+2y)-2(x+y)=-5 \\ 2x+y-4(x+3y)=7 \end{cases}$

(7) $\begin{cases} -0.6x+0.1y=-0.1 \\ 0.08x-0.03y=0.13 \end{cases}$

(8) $\begin{cases} 3x-y=-3 \\ \dfrac{2x}{3}+\dfrac{y-7}{5}=3 \end{cases}$

2 次の方程式を解きなさい。 (各7点×2)

(1) $2x+y=-7x-2y=2$

(2)　$4x+y=16x+7y=8$

3 **次の問いに答えなさい。**　（各完答 7 点×2）

(1)　x，yについての連立方程式$\begin{cases} 5x+3y=-3 \\ x+ay=3a \end{cases}$の解が$x=-3$，$y=b$であるとき，$a$，$b$の値をそれぞれ求めなさい。

(2)　x，yについての連立方程式$\begin{cases} 2ax-5by=5 \\ 3bx-4ay=2 \end{cases}$の解が$x=2$，$y=-1$であるとき，$a$，$b$の値をそれぞれ求めなさい。

4 **2 つの食塩水AとBがある。Aを 200g とBを 400g 混ぜると 11%の食塩水となり，Aを 500g とBを 100g 混ぜると 12.5%の食塩水となる。このとき，食塩水AとBの濃度をそれぞれ求めなさい。**　（完答 8 点）

5 **あるチームの人数は，昨年は全員で 35 人であった。今年は男子が 2 割増え，女子が 2 割減ったので，全体では 1 人増えた。昨年の男子と女子の人数をそれぞれ求めなさい。**　（完答 8 点）

解答　別冊P14

8 2次方程式

中3

1	点／60点	2	点／12点	3	点／12点
4	点／ 8点	5	点／ 8点		

点／100点

1 次の方程式を解きなさい。 （各6点×10）

(1) $(x+9)^2=80$

(2) $x^2-8x+15=0$

(3) $x^2+x-30=0$

(4) $x^2-16x+64=0$

(5) $x^2-49=0$

(6) $2x^2+7x-1=0$

(7) $3x^2-2x-2=0$

(8) $x^2-\frac{5}{3}x-\frac{4}{3}=0$

(9) $3x^2+7x+33=(2x+3)^2$

(10) $(x-6)^2-(x-6)(2x-7)=0$

2 xについての2次方程式$x^2-3ax+2a^2=0$の解の1つが4であるとき，次の問いに答えなさい。 （各6点×2）

(1) aの値を求めなさい。

(2) 他の解を求めなさい。

3 **長さが30cmのひもがある。次の問いに答えなさい。ただし，ひもの太さは考えないものとする。** (各6点×2)

(1) このひもを使って長方形をつくったところ，面積が$54cm^2$になった。この長方形の短い方の辺の長さを求めなさい。

(2) このひもを切って2本にし，それぞれで正方形をつくったところ，面積の差が$\frac{45}{4}cm^2$になった。小さい方の正方形の1辺の長さを求めなさい。

4 **28km離れている2地点A，Bがある。甲さんはAを出発し，時速3kmでBへ向かった。乙さんは甲さんと同時にBを出発し，一定の速さでAへ向かったところ，途中で甲さんとすれ違い，その3時間後にAに到着した。2人がすれ違うのは，出発してから何時間後か求めなさい。** (8点)

5 **1辺が10cmの正方形ABCDがある。点PはAを出発して辺AB上をBまで，点QはBを出発して辺BC上をCまで，点RはCを出発して辺CD上をDまで動く。ただし，点P，Q，Rは同時に出発し，速さは毎秒1cmである。△PQRの面積が$29cm^2$になるのは，点P，Q，Rが出発してから何秒後か求めなさい。** (8点)

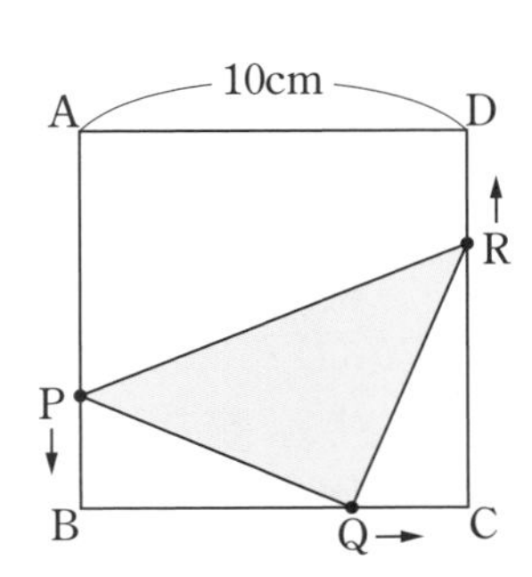

解答 別冊P16

9 比例と反比例

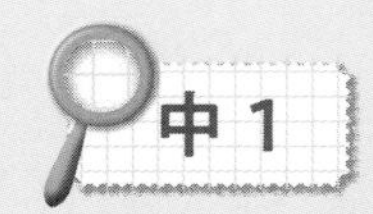

1	点／18点	2	点／20点	3	点／20点
4	点／18点	5	点／24点		

点／100点

1 下のア〜オの関係について，次の(1)〜(3)にあてはまるものをそれぞれすべて選び，記号で答えなさい。 （各6点×3）

ア　分速80mでx分間歩いたときの進んだ道のりym
イ　100本の鉛筆のうち，x本を配ったときの残りの本数y本
ウ　周の長さが$x$cmの長方形の面積$y$cm^2
エ　30L入る空の水そうに毎分xLずつ水を入れたとき，満水になるまでの時間y分
オ　自然数xの約数y

(1)　yがxに比例するもの　　(2)　yがxに反比例するもの

(3)　yがxの関数ではないもの

2 次の問いに答えなさい。 （各5点×4）

(1)　yがxに比例し，$y=18$のとき$x=-6$である。
　①　比例定数を求めなさい。　　②　$x=9$のときのyの値を求めなさい。

(2)　yがxに反比例し，$y=-7$のとき$x=4$である。
　①　比例定数を求めなさい。　　②　$y=2$のときのxの値を求めなさい。

3 次の(1)・(2)の比例・反比例のグラフを，右の図にかきなさい。また，グラフが右の(3)・(4)のようになる比例・反比例の式をそれぞれ答えなさい。 （各5点×4）

(1)　$y=\frac{3}{4}x$　　(2)　$y=-\frac{10}{x}$

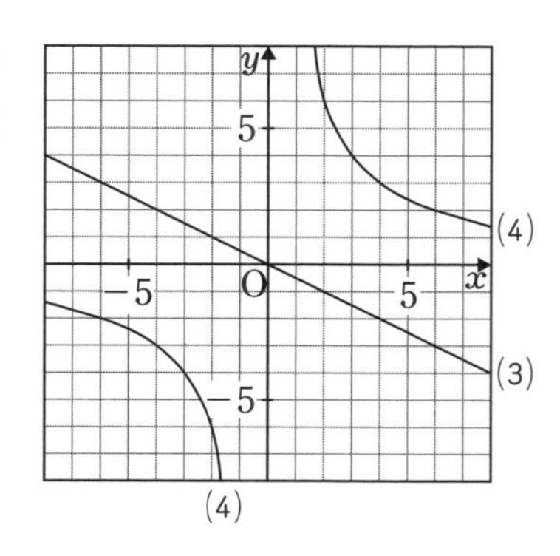

4 次の問いに答えなさい。

（各 6 点×3，(1)(2)各完答）

(1) 比例$y=ax$（aは正の定数）は，xの変域が$-1 \leqq x \leqq 3$のとき，yの変域が$-4 \leqq y \leqq b$である。このとき，a，bの値をそれぞれ求めなさい。

(2) 反比例$y=\dfrac{a}{x}$（aは定数）は，xの変域が$2 \leqq x \leqq 4$のとき，yの変域が$b \leqq y \leqq -4$である。このとき，a，bの値をそれぞれ求めなさい。

(3) 比例$y=2x$と反比例$y=\dfrac{a}{x}$（aは定数）は，xの変域が$2 \leqq x \leqq 5$のときyの変域が等しくなる。このとき，aの値を求めなさい。

5 兄と弟が同時に家を出発し，家から 900m 離れた図書館へ向かう。出発してからx分後に家からym 離れるとして，兄と弟が図書館に着くまでのxとyの関係をグラフに表すと，右の図のようになった。次の問いに答えなさい。

（各 6 点×4，(1)(2)各完答）

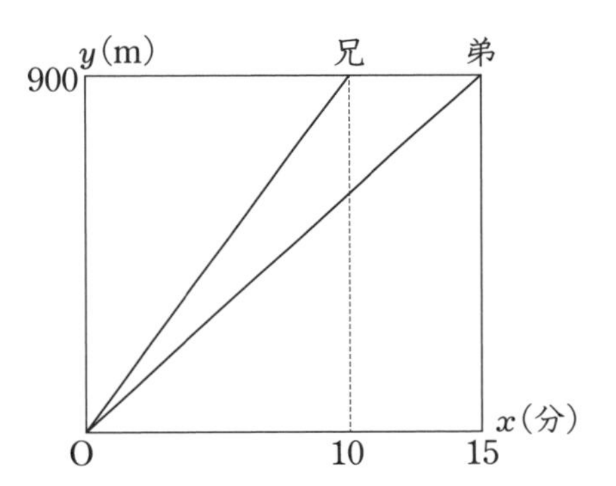

(1) 兄について，yをxの式で表しなさい。また，xの変域も答えなさい。

(2) 弟について，yをxの式で表しなさい。また，xの変域も答えなさい。

(3) 兄が図書館に着いたとき，弟は家から何m離れたところにいるか求めなさい。

(4) 兄と弟が 210m 離れるのは，家を出発してから何分後か求めなさい。

解答 別冊P18

10 1次関数①

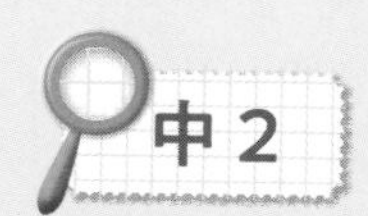

1	点／6点	2	点／18点	3	点／30点
4	点／14点	5	点／14点	6	点／18点

点／100点

1 次のア～エのうち，yがxの1次関数であるものをすべて選び，記号で答えなさい。

(6点)

ア　底辺が$x$cm，面積が30cm^2の三角形の高さ$y$cm
イ　1個100円のお菓子をx個買い，5円のビニール袋に入れてもらったときの代金y円
ウ　1辺が$x$cmの正方形の面積$y\text{cm}^2$
エ　x%の食塩水200gにふくまれる食塩の重さyg

2 1次関数$y=\dfrac{4}{3}x-5$について，次の問いに答えなさい。　(各6点×3，(1)(2)各完答)

(1)　グラフの傾きと切片をそれぞれ答えなさい。

(2)　xの値が$-\dfrac{1}{4}$から$\dfrac{1}{2}$まで増加するときの，yの増加量と変化の割合をそれぞれ求めなさい。

(3)　この1次関数のグラフは，比例$y=\dfrac{4}{3}x$のグラフを，y軸の正の方向にどれだけ平行移動したものか答えなさい。

3 次の1次関数や方程式のグラフを，右の図にかきなさい。　(各6点×5)

(1)　$y=\dfrac{3}{2}x-1$

(2)　$y=-\dfrac{1}{3}x+2$

(3)　$4x-2y+6=0$

(4)　$y=-4$

(5)　$5x+15=0$

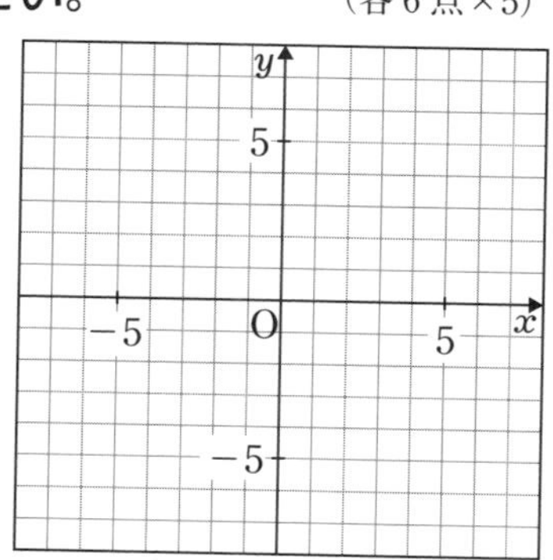

4 次の１次関数のyの変域を，グラフを利用して求めなさい。 （各７点×２）

(1) $y=-\frac{1}{2}x+2$ $(-2 \leqq x \leqq 6)$

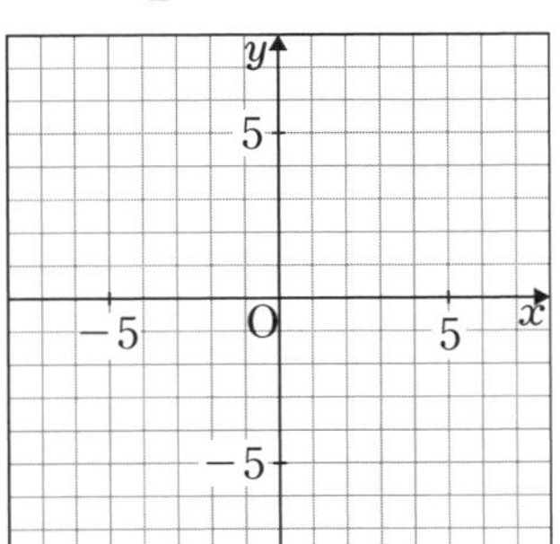

(2) $y=3x-\frac{3}{2}$ $\left(-\frac{1}{2} \leqq x \leqq \frac{3}{2}\right)$

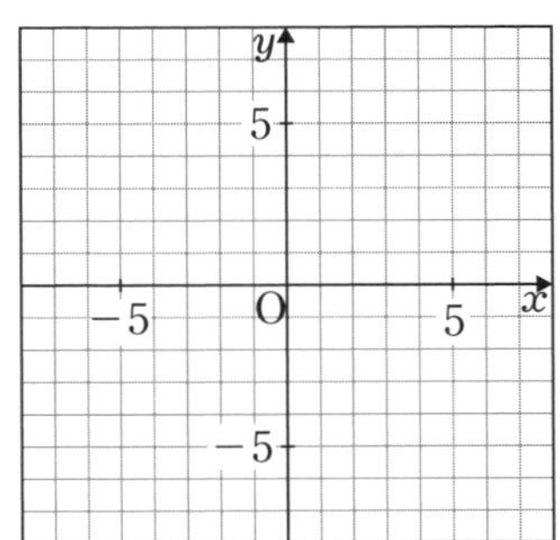

5 次の問いに答えなさい。 （各完答７点×２）

(1) １次関数$y=3x-7$について，xの変域が$a \leqq x \leqq b$のとき，yの変域は$-25 \leqq y \leqq 5$である。このとき，a，bの値をそれぞれ求めなさい。

(2) １次関数$y=-2x+p$について，xの変域が$-2 \leqq x \leqq q$のとき，yの変域は$2q \leqq y \leqq 2p$である。このとき，p，qの値をそれぞれ求めなさい。

6 右の図の(1)〜(3)は，それぞれ１次関数のグラフである。それぞれの関数の式を求めなさい。 （各６点×３）

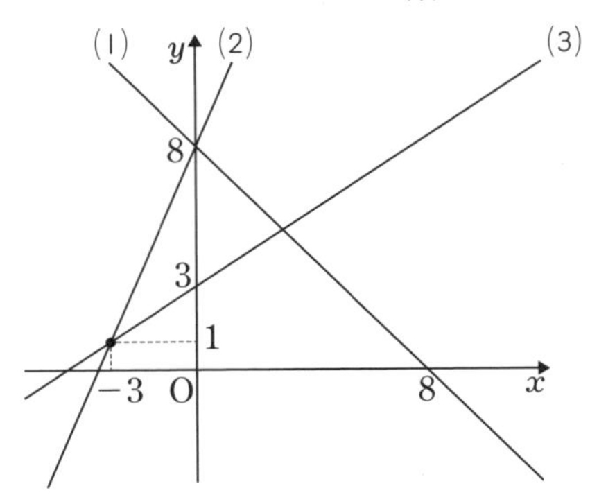

11 1次関数②

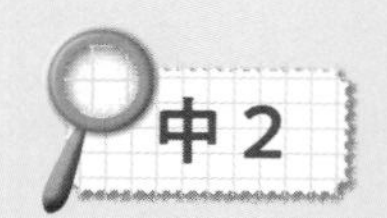

1　　点／30点　2　　点／18点　3　　点／21点
4　　点／31点

点／100点

1 次の直線の式を求めなさい。

（各6点×5）

(1) 傾きが8で，$x=-2$ のとき $y=-10$ である。

(2) x の値が3増加すると y の値は9減少し，$x=1$ のとき $y=\frac{9}{2}$ である。

(3) 点$(3,\ -9)$を通り，切片が6である。

(4) 直線 $3x+y-4=0$ に平行で，点$(-6,\ 19)$を通る。

(5) 2点$(3,\ -1)$，$(-1,\ 7)$を通る。

2 次の問いに答えなさい。

（各6点×3，(2)完答）

(1) 2直線 $x-2y=5$，$2x-y=-2$ の交点の座標を求めなさい。

(2) 2直線 $y=ax+5$，$y=x+a$ の交点の座標が$(-3,\ b)$であるとき，a，b の値をそれぞれ求めなさい。

(3) 2直線 $y=-3x+9$ …①，$y=ax-6$ …②について，直線①と x 軸との交点を直線②が通るとき，a の値を求めなさい。

3 **次の問いに答えなさい。** (各7点×3)

(1) 3点(3, 3), (−2, −7), ($2k$, $3k$)が一直線上にあるとき，kの値を求めなさい。

(2) 2直線$y=-5x+8$, $y=2x-6$の交点を直線$y=ax+7$が通るとき，aの値を求めなさい。

(3) 3直線$x+y=-7$, $2x-3y=1$, $x-3y=k$が1点で交わるとき，kの値を求めなさい。

4 **1辺が12cmの正方形ABCDがある。点PはAを出発し，秒速2cmで辺上を動き，B，Cを通ってDまで移動する。点PがAを出発してからx秒後の△APDの面積を$y$cm^{2}とするとき，次の問いに答えなさい。**

((1)(2)各6点×4，(3)7点)

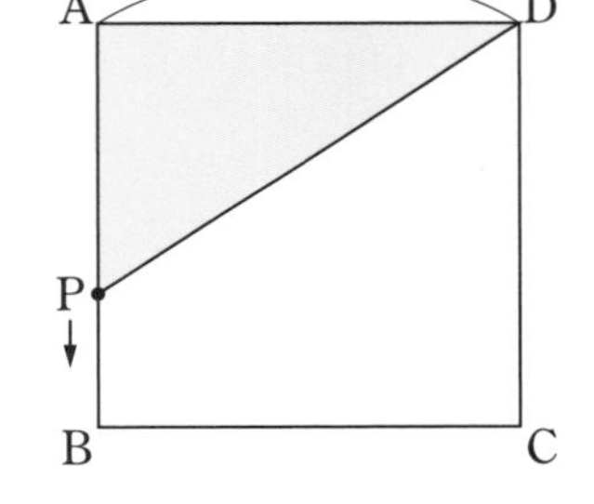

(1) 点Pが次の辺上を動くとき，xの変域を求め，yをxの式で表しなさい。

① 辺AB上

② 辺BC上

③ 辺CD上

(2) (1)の結果を利用して，点PがAからDまで移動するときのxとyの関係を，右のグラフに表しなさい。

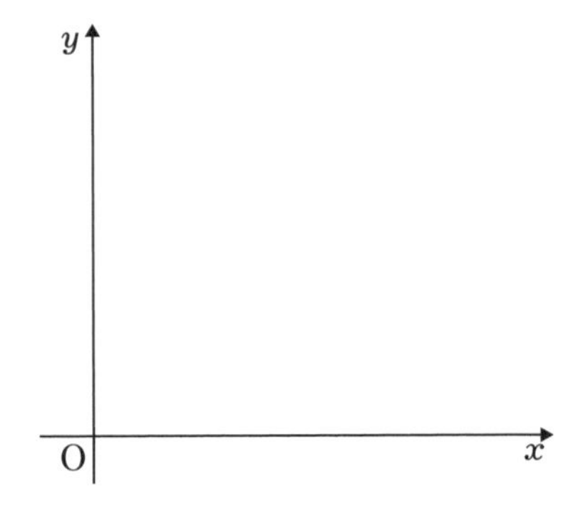

(3) △APDの面積が60cm^{2}になるのは，点PがAを出発してから何秒後か求めなさい。

解答 別冊P22

12 関数 $y=ax^2$ ①

1　点／30点　2　点／42点　3　点／28点

点／100点

1 次の問いに答えなさい。

（各6点×5）

(1)　次の関数のグラフを，右の図にかきなさい。

①　$y=2x^2$

②　$y=-x^2$

③　$y=\frac{1}{2}x^2$

④　$y=-\frac{1}{4}x^2$

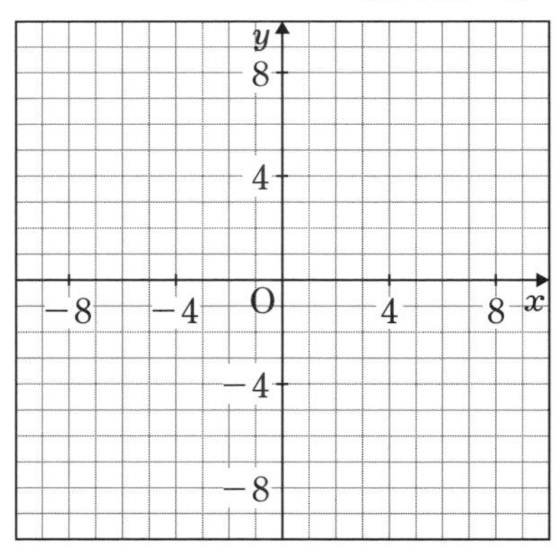

(2)　次のア～エはそれぞれ，$y=ax^2$（aは定数）のグラフと，点A(1，1)を表した図である。定数aの値が1より大きいものを選び，記号で答えなさい。

ア

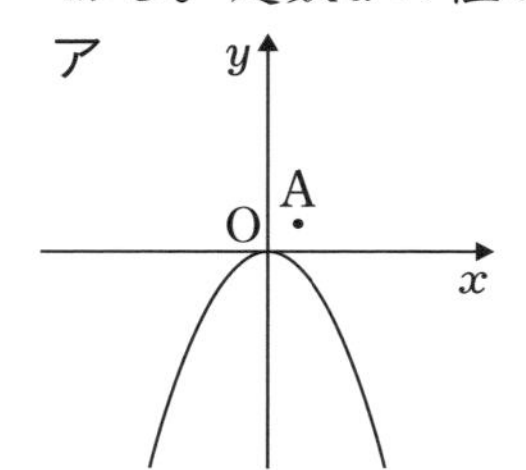

イ

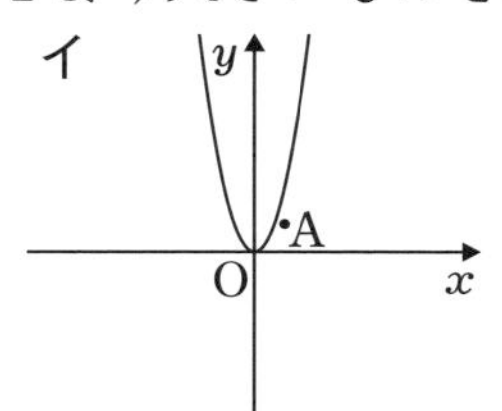

ウ

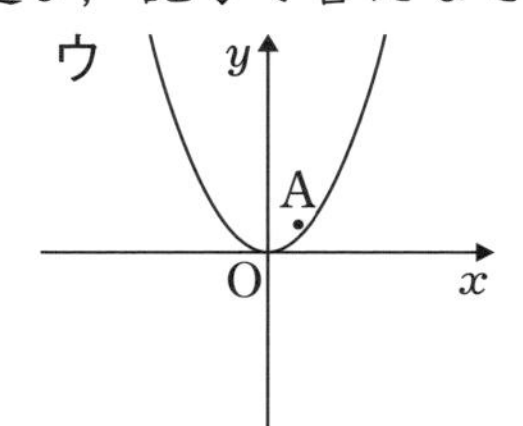

エ

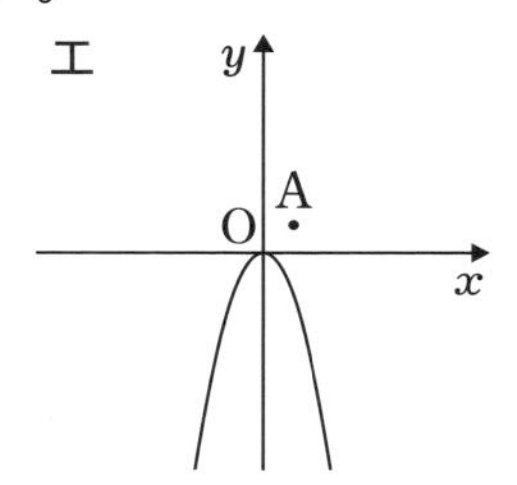

2 次の問いに答えなさい。

（各7点×6，(4)(5)各完答）

(1)　次の関数のyの変域を，グラフを利用して求めなさい。

①　$y=x^2$　$(1\leqq x\leqq 3)$

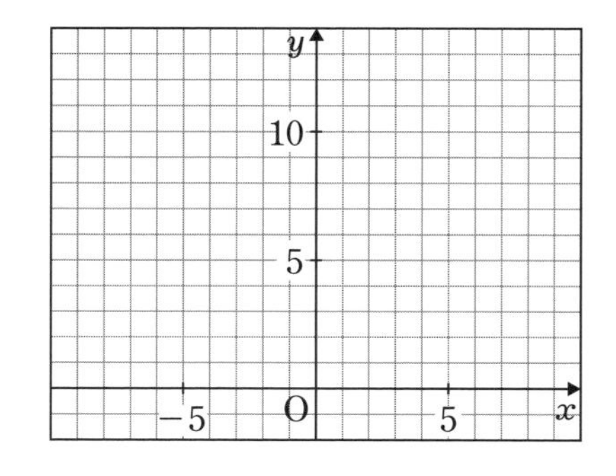

②　$y=-\frac{1}{2}x^2$　$(-4\leqq x\leqq 2)$

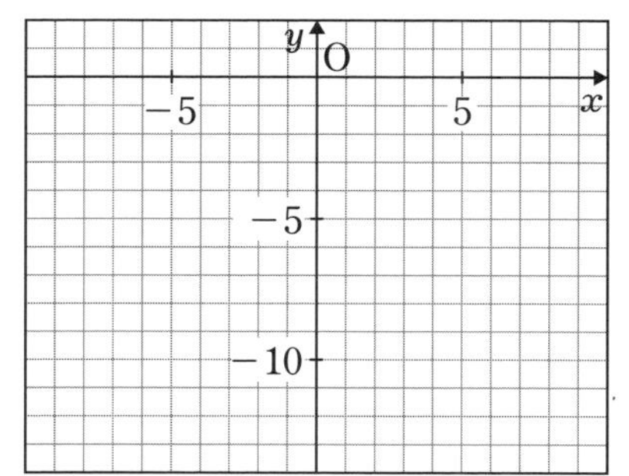

(2) yはxの2乗に比例する関数で，$x=3$のとき$y=36$である。xの変域が$2 \leqq x \leqq 5$のとき，最大値を求めなさい。

(3) 関数$y=ax^2$について，xの変域が$-2 \leqq x \leqq 1$のとき，最小値は-4である。このとき，aの値を求めなさい。

(4) 関数$y=ax^2$について，xの変域が$1 \leqq x \leqq 3$のとき，yの変域は$b \leqq y \leqq -2$である。このとき，a，bの値をそれぞれ求めなさい。

(5) 2つの関数$y=3x^2$と$y=ax+b$(aは正の定数)は，xの変域が$-2 \leqq x \leqq 4$のときyの変域が等しくなる。このとき，a，bの値をそれぞれ求めなさい。

3 次の問いに答えなさい。 （各7点×4）

(1) 関数$y=-\frac{3}{2}x^2$について，xの値が$-\frac{1}{3}$から$\frac{2}{3}$まで増加するときの変化の割合を求めなさい。

(2) 関数$y=ax^2$について，xの値が-3から-1まで増加するときの変化の割合が10であるとき，aの値を求めなさい。

(3) 関数$y=-x^2$について，xの値が$a-1$から$a+1$まで増加するときの変化の割合が-6であるとき，aの値を求めなさい。

(4) 2つの関数$y=ax^2$と$y=-12x+3$について，xの値が1から5まで増加するときの変化の割合が等しくなるとき，aの値を求めなさい。

解答 別冊P24

13 関数 $y=ax^2$ ②

1 点／21点　2 点／29点　3 点／21点
4 点／29点

点／100点

1 **右の図のように，関数 $y=2x^2$ のグラフと直線 ℓ が2点A，Bで交わっていて，点Aの x 座標は -2，直線 ℓ の切片は4である。次の問いに答えなさい。**

（各7点×3）

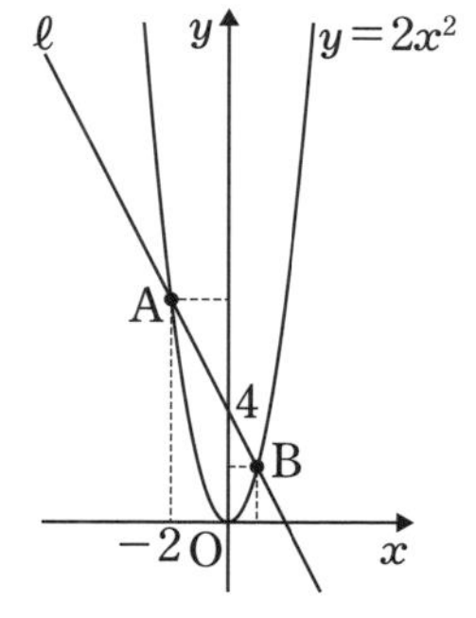

(1) 点Aの座標を求めなさい。

(2) 直線 ℓ の式を求めなさい。

(3) 点Bの座標を求めなさい。

2 **右の図のように，関数 $y=-x^2$ のグラフと直線 $y=x-6$ が2点A，Bで交わっている。また，直線 $y=x-6$ と x 軸との交点をCとする。次の問いに答えなさい。**

（(1)〜(3)各7点×3，(4)8点，(1)完答）

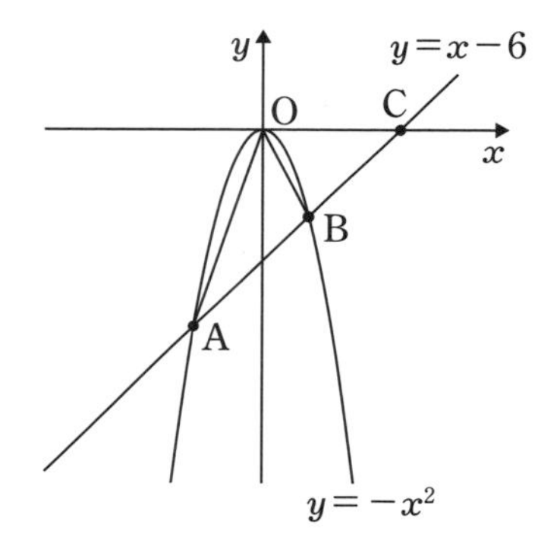

(1) 2点A，Bの座標をそれぞれ求めなさい。

(2) 点Cの座標を求めなさい。

(3) △OABの面積を求めなさい。

(4) 関数 $y=-x^2$ のグラフ上に点Dを，△OCDの面積が△OABと等しくなるようにとるとき，点Dの座標を求めなさい。ただし，点Dの x 座標は正とする。

3 走っている自動車が，ブレーキをかけ始めてから停止するまでの距離を制動距離といい，これは速さの 2 乗に比例することが知られている。ある自動車が時速 30km で走っているときの制動距離が 9m であるとき，次の問いに答えなさい。

（各 7 点×3）

(1) 自動車が時速$x$kmで走っているときの制動距離をymとして，yをxの式で表しなさい。

(2) 自動車が時速 90km で走っているときの制動距離は何 m か求めなさい。

(3) 制動距離が 25m であるとき，自動車の速さは時速何 km か求めなさい。

4 右の図のような，1 辺が 8cm の正方形ABCDがある。点P，Qはそれぞれ点A，Bを同時に出発し，点Pは秒速 2cm，点Qは秒速 4cm で周上を反時計回りに動く。点P，Qが出発してからx秒後の△APQの面積を$y$cm^{2}とする。次の問いに答えなさい。ただし，$0 \leqq x \leqq 6$とする。

（(1)〜(3)各 7 点×3，(4) 8 点）

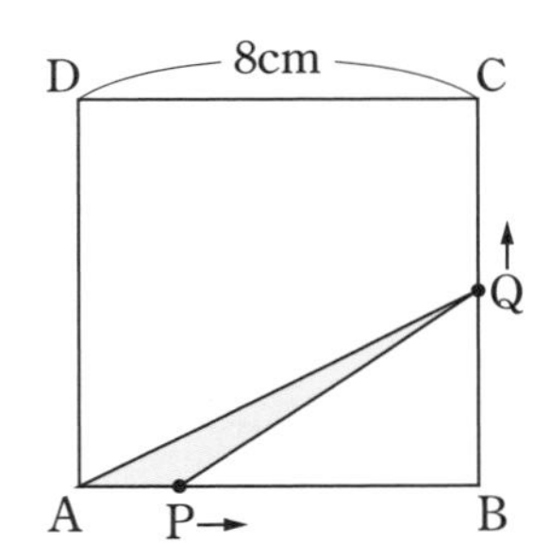

(1) $0 \leqq x \leqq 2$において，yをxの式で表しなさい。

(2) $2 \leqq x \leqq 4$において，yをxの式で表しなさい。

(3) $4 \leqq x \leqq 6$において，yをxの式で表しなさい。

(4) △APQの面積が 8cm^2 になるのは，点P，Qが出発してから何秒後か求めなさい。

解答 別冊 P26

14 平面図形①

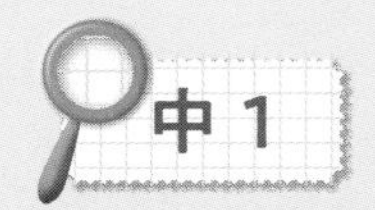

1	点／15点	2	点／30点	3	点／15点
4	点／18点	5	点／22点		

点／100点

1 **同じ直線上にない3点A，B，Cがある。このうち2点を使って，次の図形は全部でいくつできるか答えなさい。** （各5点×3）

(1) 直線　　(2) 線分　　(3) 半直線

2 **右の図の長方形ABCDについて，次の問いに答えなさい。** （各5点×6）

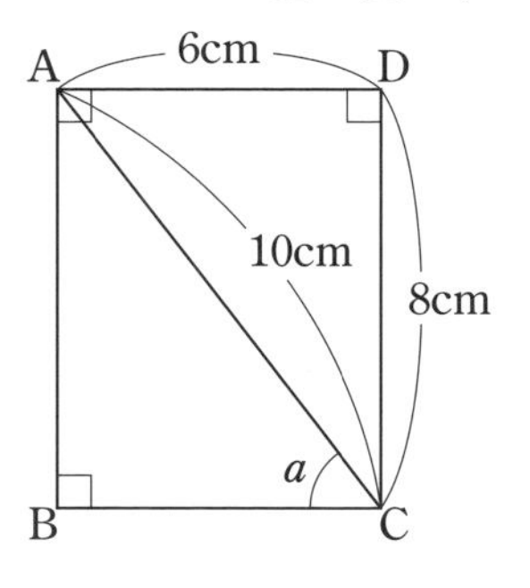

(1) 図の∠aを，A，B，Cを使って表しなさい。

(2) 次の2辺の関係を，記号を使って表しなさい。

① 辺ADと辺BC　　② 辺ABと辺BC

(3) 次の距離を答えなさい。

① 2点A，Cの間　　② 点Dと辺BCの間　　③ 2辺AB，DCの間

3 **下の図の△ABCを，次のように移動させてできる三角形をかきなさい。** （各5点×3）

(1) 矢印PQの方向に，線分PQの長さだけ平行移動させてできる△A′B′C′

(2) 点Oを回転の中心として，時計回りに90°回転移動させてできる△A″B″C″

(3) 直線ℓを対称の軸として，対称移動させてできる△A‴B‴C‴

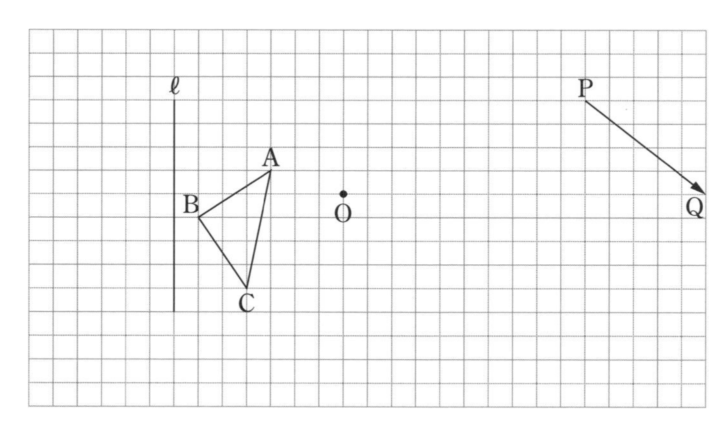

4 **次の問いに答えなさい。** （各６点×3）

(1) 右の図において，$\angle AOB = \angle COD = 90°$ である。次の角の大きさを求めなさい。

① $\angle BOC$

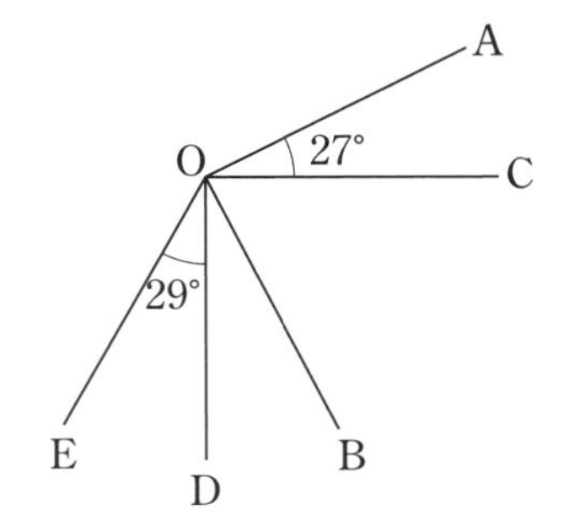

② $\angle BOE$

(2) 右の図のように，∠AOBと点Pがある。直線OAを対称の軸として，点Pと対称な点をQ，直線OBを対称の軸として，点Pと対称な点をRとする。$\angle AOB = 42°$ のとき，∠QORの大きさを求めなさい。

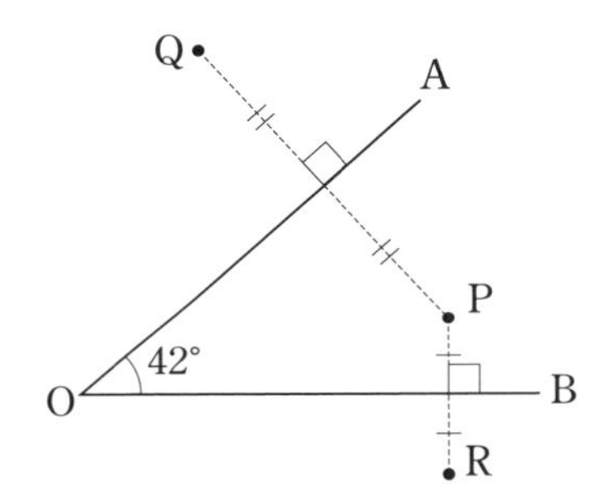

5 **右の図は，正六角形ABCDEFを６個の合同な正三角形に分けたものである。次の問いに答えなさい。** （(1)(2)各５点×2，(3)(4)各６点×2）

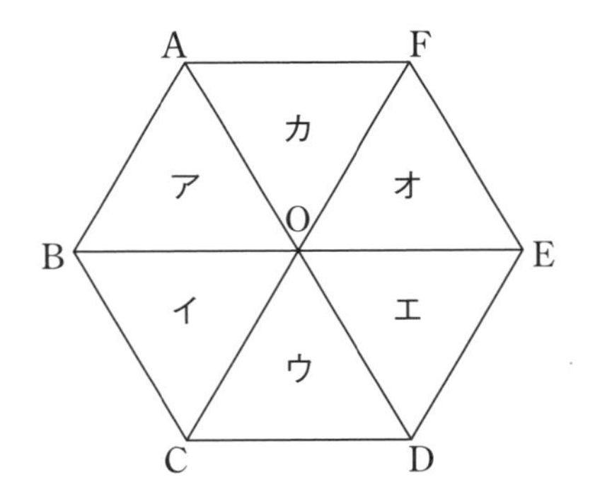

(1) 正三角形アを平行移動させて重なる正三角形の記号をすべて答えなさい。

(2) 正三角形アを点対称移動させて重なる正三角形の記号を答えなさい。

(3) 正三角形アを，直線ADを対称の軸として対称移動させて重なる正三角形の記号を答えなさい。

(4) (3)の正三角形は，正三角形イを，点Oを回転の中心として時計回りに何度回転移動させたものか，0°から360°の間で答えなさい。

解答 別冊P28

15 # 平面図形②

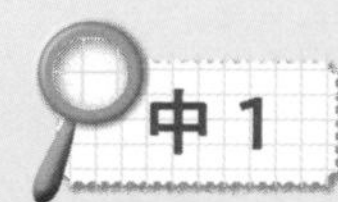

1 点／48点 2 点／24点 3 点／28点 点／100点

1 次の作図をしなさい。 (各6点×8)

(1) 線分ABの垂直二等分線

A―――B

(2) ∠AOBの二等分線

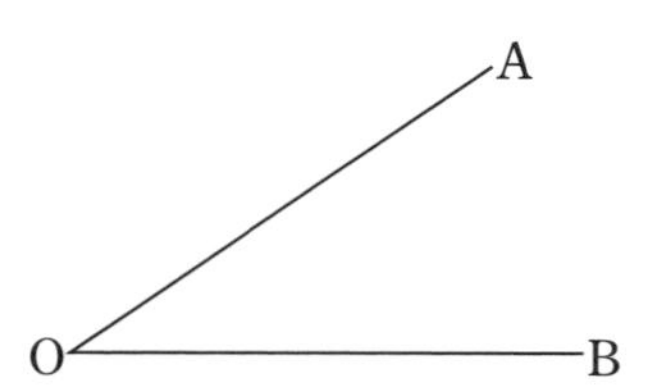

(3) 点Aを通る直線ℓの垂線

A•

ℓ―――

(4) 点Aを通り，直線ℓに平行な直線

A•

ℓ―――

(5) 45°の大きさの角

―――

(6) 直線ℓ上にあり，AP＝BPとなる点P

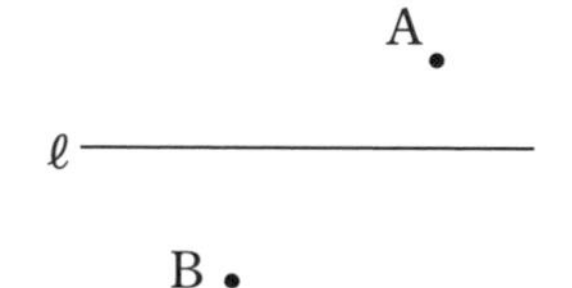

(7) △ABCにおいて，辺ABが辺BCに重なるように折ったときの折り目の線

(8) 半直線OA，OBから等しい距離にあり，点Cからの距離がもっとも短い点P

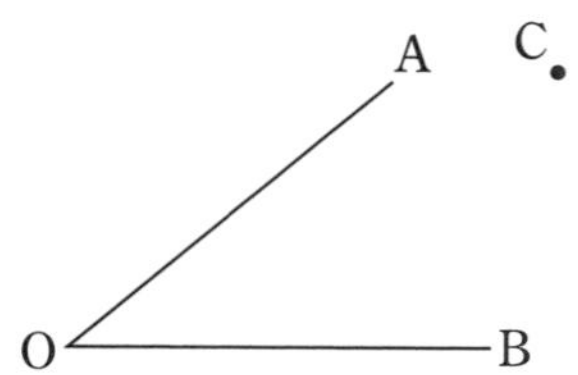

2 次の作図をしなさい。

（各6点×4）

(1) 円の中心O

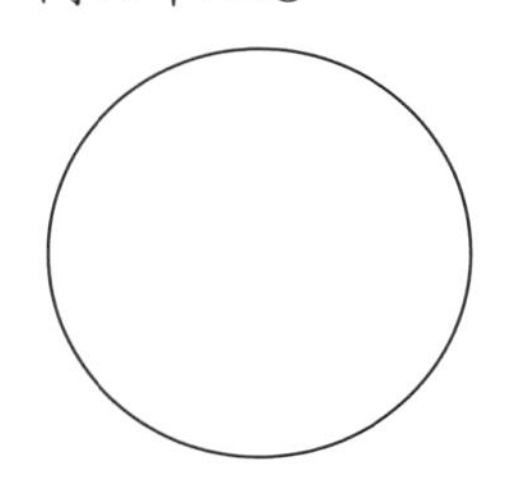

(2) 点Aを通る円Oの接線

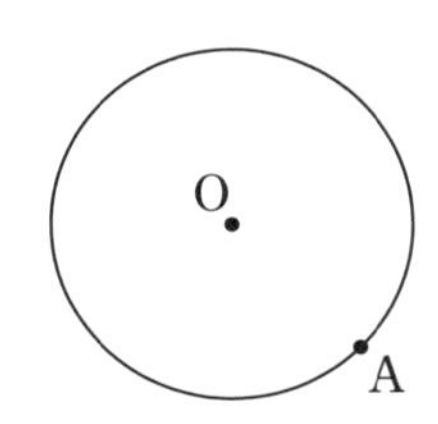

(3) 点Aで直線ℓに接し，点Bを通る円

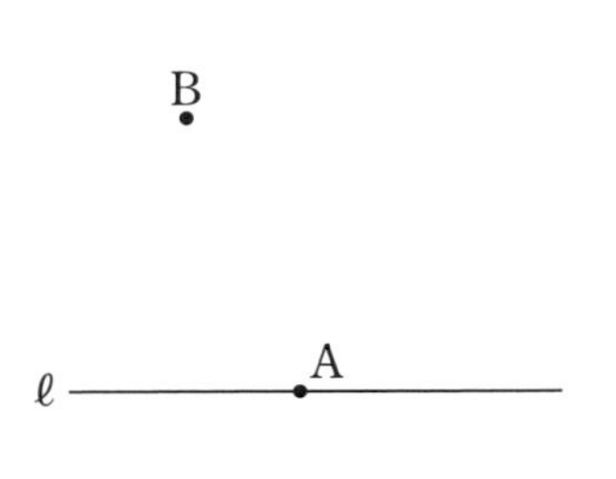

(4) 点Cを通り，半直線OA，OBに接する円

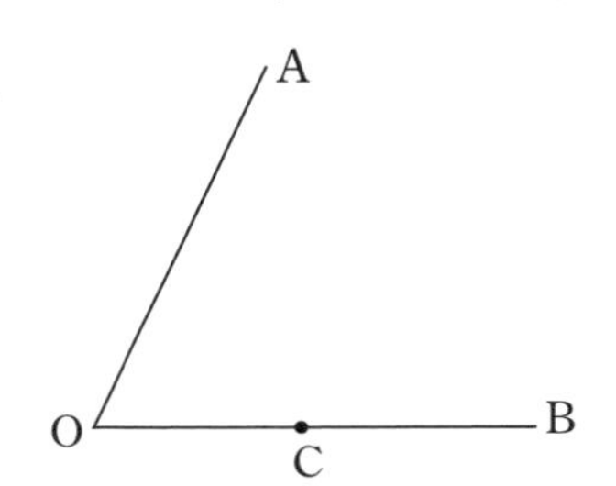

3 次の問いに答えなさい。

（各7点×4）

(1) 右の図は，半径8cm，中心角90°のおうぎ形と，直径8cmの半円を組み合わせたものである。

① 色がついた部分の周の長さを求めなさい。

② 色がついた部分の面積を求めなさい。

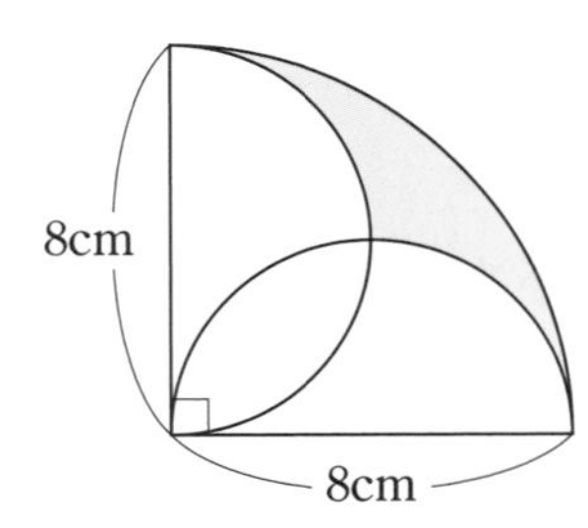

(2) 右の図は，直径10cm，8cm，6cmの半円を組み合わせたものである。

① 色がついた部分の周の長さを求めなさい。

② 色がついた部分の面積を求めなさい。

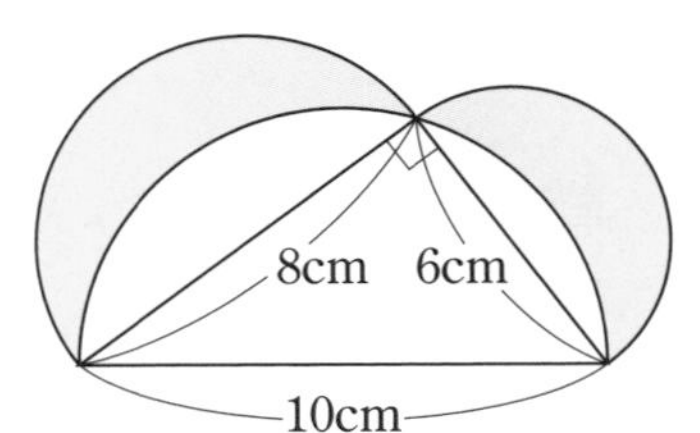

解答 別冊P30

16 空間図形①

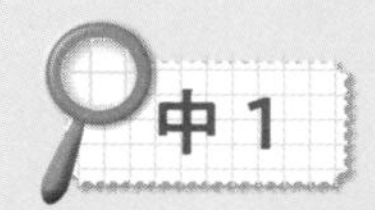

1　点／15 点	2　点／30 点	3　点／30 点
4　点／20 点	5　点／ 5 点	

点／100点

1 正多面体について，次の問いに答えなさい。　（各５点×3，(1)完答）

(1)　正多面体の特徴をまとめた次の表を完成させなさい。

	面の数	面の形	１つの頂点に集まる面の数	頂点の数	辺の数
正四面体	4	正三角形		4	
正六面体	6	正方形	3	8	12
正八面体	8	正三角形	4		
正十二面体	12			20	30
正二十面体	20	正三角形			30

(2)　１つの面の頂点の数をa，１つの面の辺の数をb，面の数をc，１つの頂点に集まる面の数をdとする。このとき，次の数を，a，b，c，dの中から必要な文字を用いてそれぞれ表しなさい。ただし，①はaを，②はbを必ず用いること。

①　正多面体の頂点の数　　　　②　正多面体の辺の数

2 右の図の直方体について，次のような直線や平面を，それぞれすべて答えなさい。　（各５点×6）

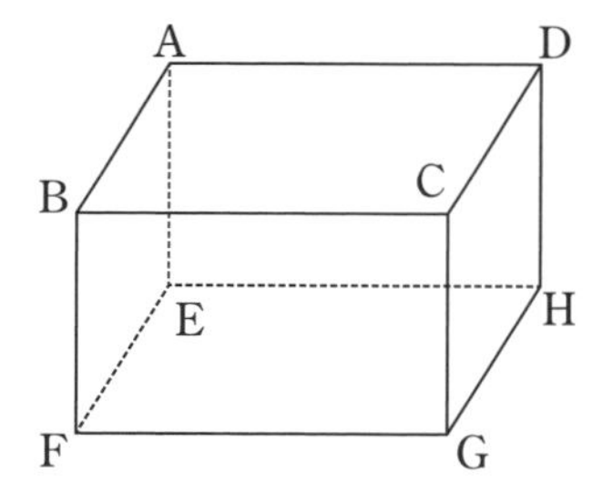

(1)　直線ABと平行な直線

(2)　直線GHと垂直に交わる直線

(3)　直線BCとねじれの位置にある直線　　(4)　平面ABFEと平行な平面

(5)　直線CDと平行な平面　　(6)　平面AEHDと垂直な直線

3 空間内の異なる3直線ℓ，m，nと，異なる3平面P，Q，Rがある。次のことがらについて，常に正しい場合は○を，そうでない場合は×を答えなさい。　(各5点×6)

(1)　$\ell /\!/ m$，$\ell /\!/ n$ならば，$m /\!/ n$

(2)　$\ell \perp P$，$\ell \perp Q$ならば，$P \perp Q$

(3)　$\ell \perp m$，$\ell \perp n$ならば，$m /\!/ n$

(4)　$P \perp Q$，$P \perp R$ならば，$Q /\!/ R$

(5)　$\ell /\!/ P$，$\ell /\!/ Q$ならば，$P /\!/ Q$

(6)　$P \perp \ell$，$P \perp m$ならば，$\ell /\!/ m$

4 次の問いに答えなさい。　(各5点×4)

(1)　次のような図形を，直線ℓを軸として1回転させてできる立体の見取図をかきなさい。

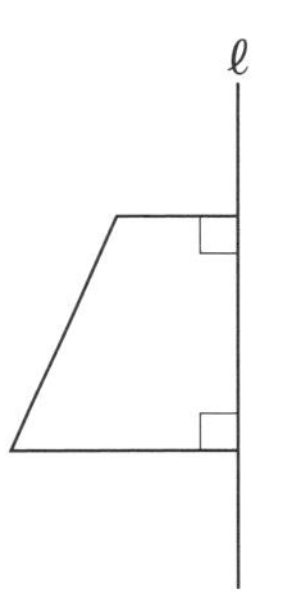

②

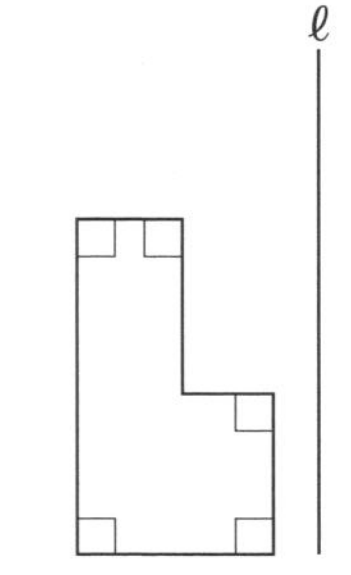

(2)　①の回転体を，直線ℓに垂直な平面で切ったときの切り口の形を答えなさい。

(3)　①の回転体を，直線ℓをふくむ平面で切ったときの切り口の形を答えなさい。

5 右の投影図で表される立体の見取図をかきなさい。(5点)

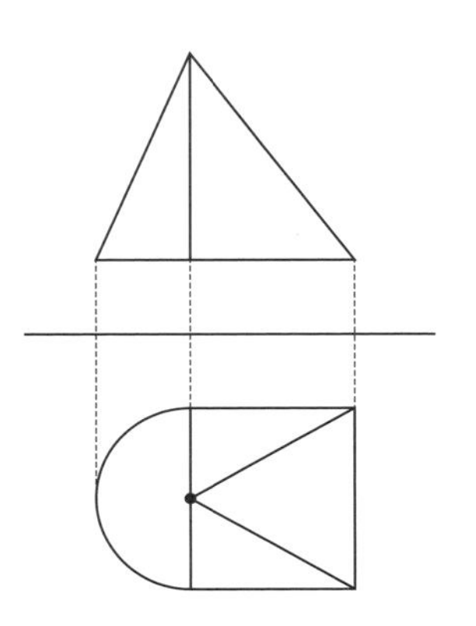

空間図形②

1　　点／24 点　2　　点／36 点　3　　点／30 点
4　　点／10 点

点／100点

1 右の展開図を組み立ててできる立方体について，次のものをそれぞれすべて答えなさい。

（各6点×4）

C D
ア
A B E F
イ ウ エ
G H
N M L
オ カ
K J I

(1) 面エと垂直になる面

(2) 辺ABと垂直になる面

(3) 辺CDと平行になる面

(4) 点Aと重なる点

2 次の立体の体積と表面積をそれぞれ求めなさい。　　（各6点×6）

(1) 底面が1辺3cmの正方形，高さが8cmの正四角柱

① 体積　　② 表面積

(2) 右の図のような円錐

① 体積

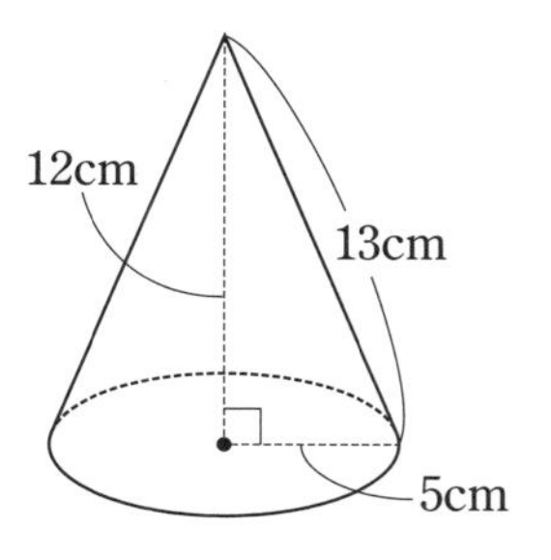

② 表面積

(3) 直径が12cmの球

① 体積　　② 表面積

3 次の問いに答えなさい。

（各６点×5）

(1) 次の図のような展開図を組み立ててできる円柱の体積と表面積をそれぞれ求めなさい。

① 体積

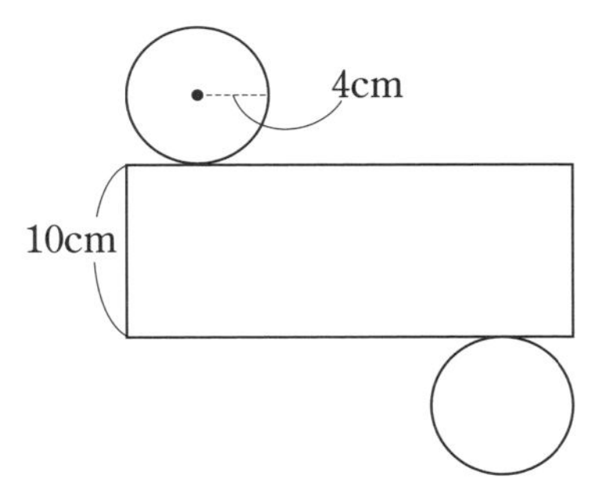

② 表面積

(2) 次の図のように，直角三角形を，直線ℓを軸として１回転させてできる立体の体積と表面積をそれぞれ求めなさい。

① 体積

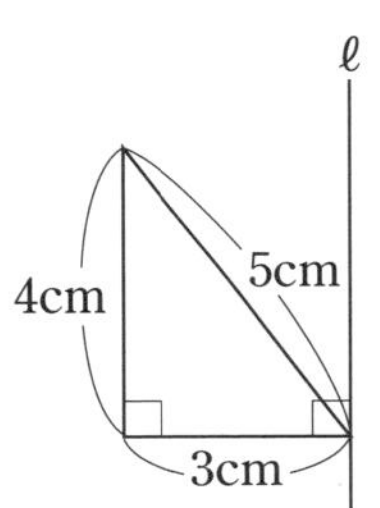

② 表面積

(3) 右のような投影図で表される立体の体積を求めなさい。

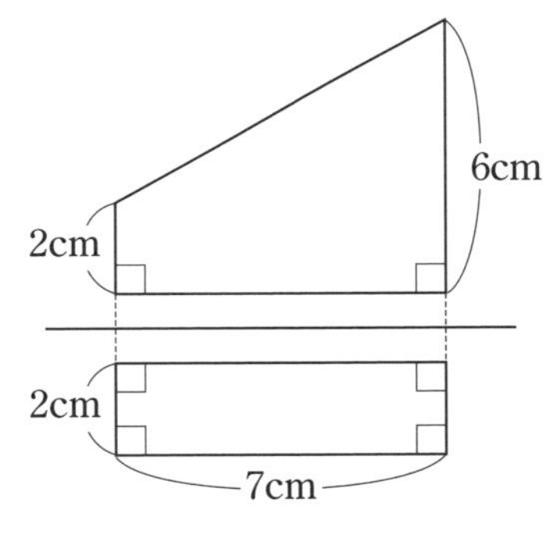

4 立方体を，次の図のような３点A，B，Cを通る平面で切ったときにできる切り口をかきなさい。

（各５点×2）

(1)

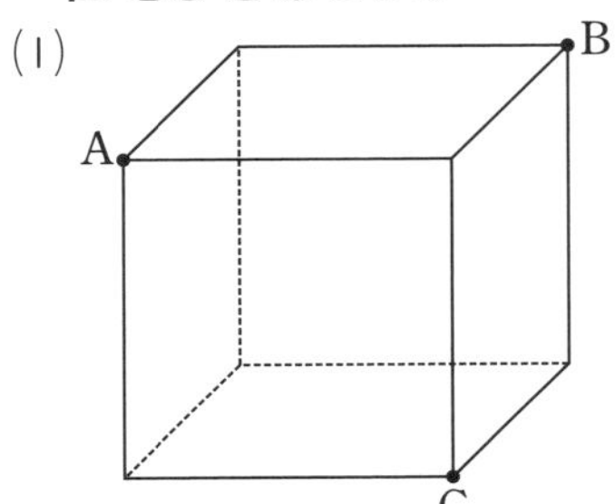

(2)

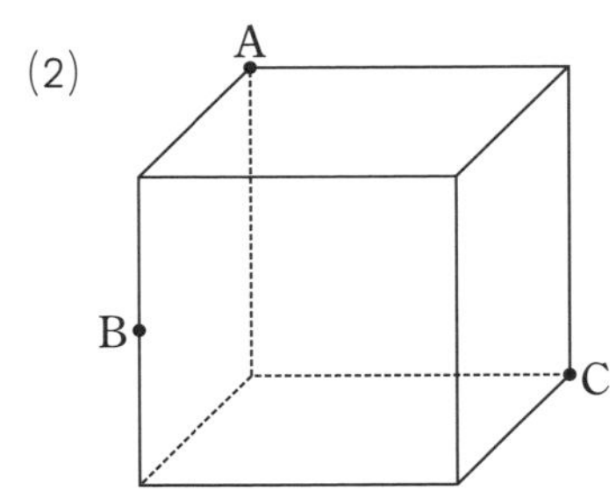

18 図形の性質と合同①

1	点／12点	2	点／14点	3	点／42点
4	点／18点	5	点／14点		

点／100点

1 **右の図において，次の問いに答えなさい。**

（各6点×2）

(1) 平行な直線の組をすべて答えなさい。

(2) $\angle x$の大きさを求めなさい。

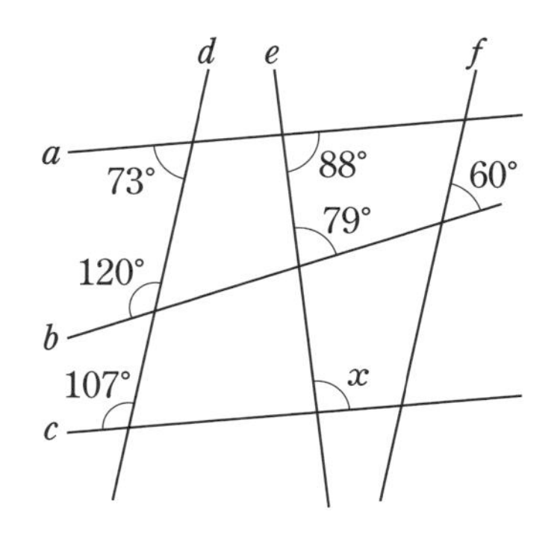

2 **次の問いに答えなさい。** （各7点×2，(1)完答）

(1) 正九角形の1つの内角，外角の大きさをそれぞれ求めなさい。

(2) 内角の和が1800°となる多角形は何角形か求めなさい。

3 **次の図において，$\angle x$の大きさを求めなさい。** （各7点×6）

(1)

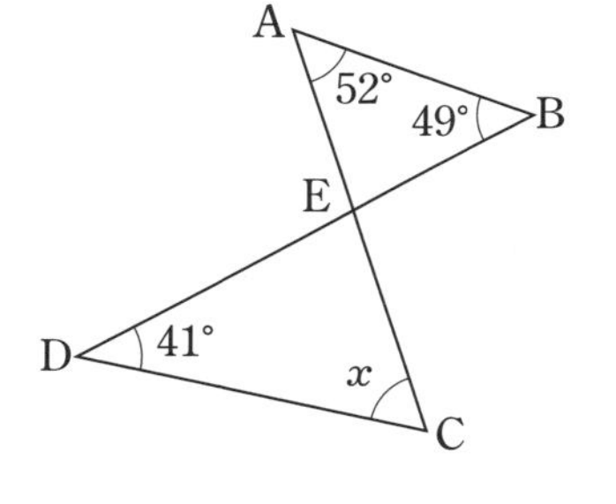

(2)

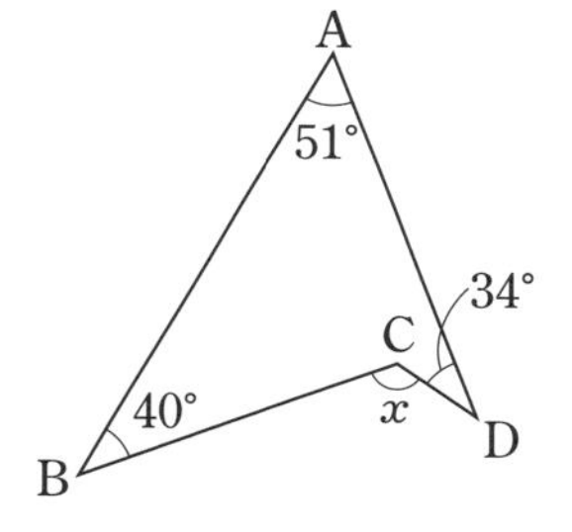

(3) $\ell /\!/ m$

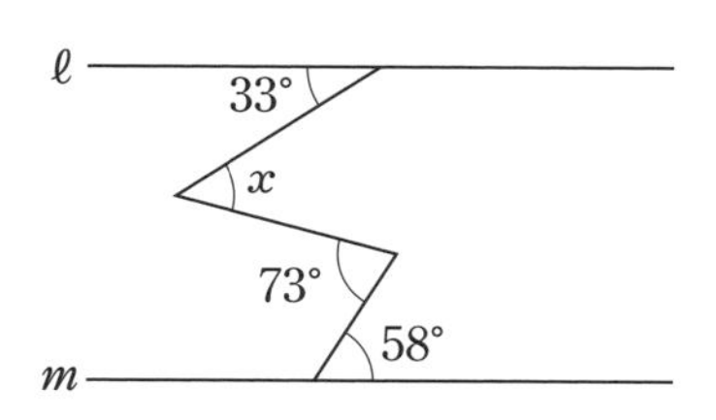

(4) $\ell /\!/ m$

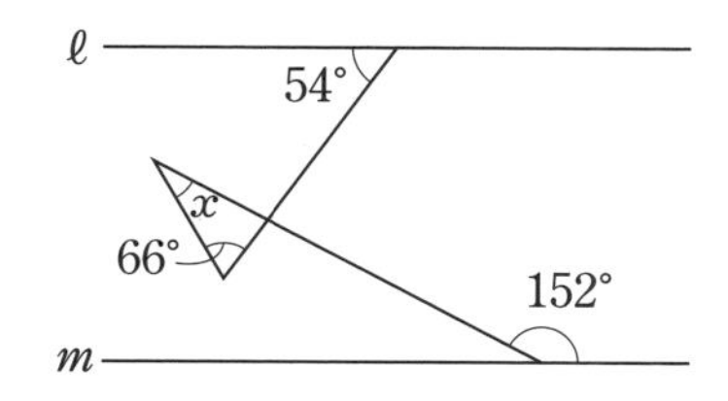

(5)　△ABCは正三角形，$\ell /\!/ m$

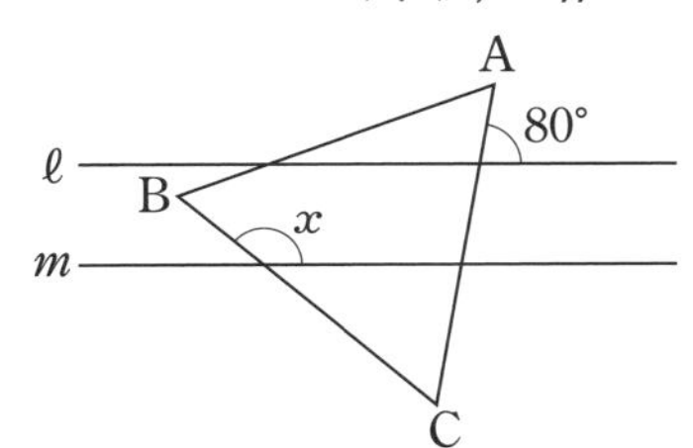

(6)

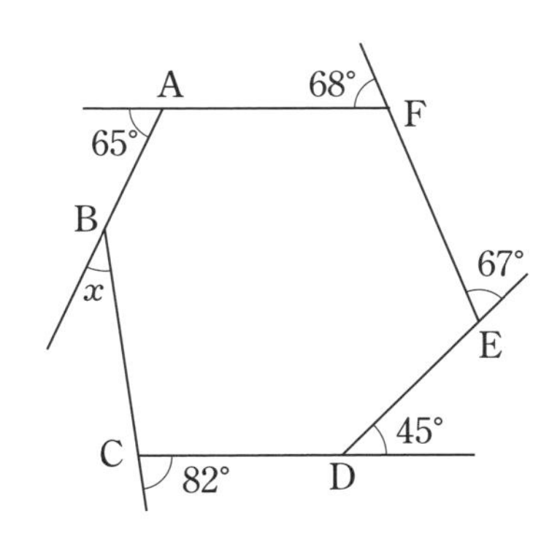

4 次の問いに答えなさい。　（各6点×3）

(1)　$\angle A=76°$，$\angle C=42°$である△ABCを，右の図のように線分DEを折り目として，点Aが辺BCに重なるように折った。

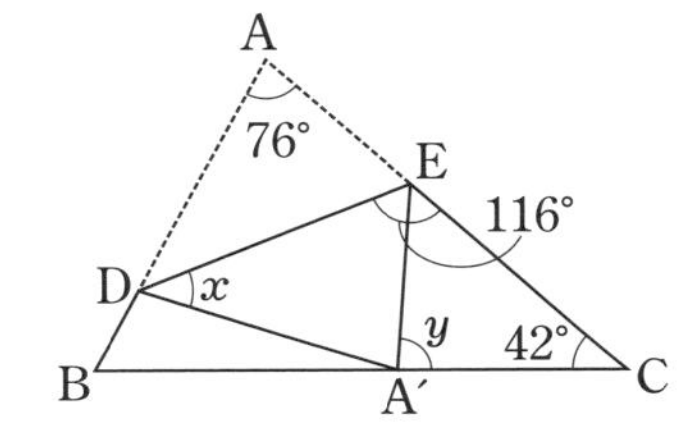

①　$\angle x$の大きさを求めなさい。

②　$\angle y$の大きさを求めなさい。

(2)　右の図のような，$\angle A=50°$の三角形ABCがある。∠Bの二等分線と∠Cの二等分線との交点をDとするとき，∠BDCの大きさを求めなさい。

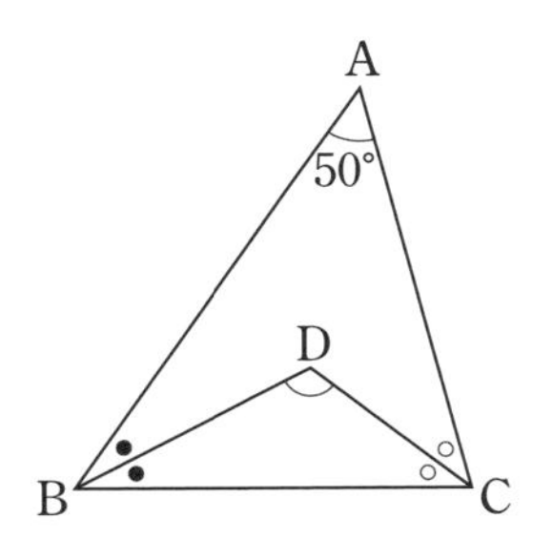

5 次の場合に，△ABCは鋭角三角形，直角三角形，鈍角三角形のどれであるか答えなさい。　（各7点×2）

(1)　$\angle A : \angle B : \angle C = 2 : 3 : 4$のとき

(2)　$\angle A = \angle B + \angle C$のとき

解答　別冊P36

19 図形の性質と合同②

1	点／21 点	2	点／21 点	3	点／28 点
4	点／30 点				

点／100点

1 次の図において，合同な三角形を 3 組見つけ出し，記号≡を使って表しなさい。また，そのとき使った合同条件を答えなさい。 （各 7 点×3，組ごとに完答）

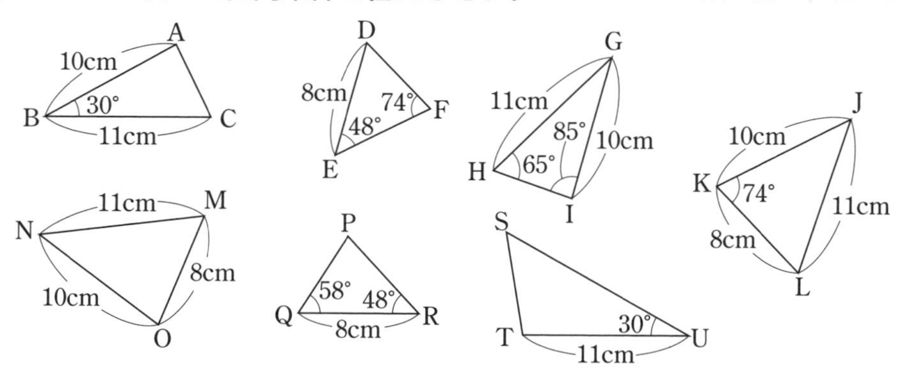

2 次のことがらの仮定と結論を答えなさい。 （各完答 7 点×3）

(1) $x+y=1$，$x-y=7$ ならば $x=4$，$y=-3$ である。

(2) 七角形の内角の和は 900° である。

(3) △ABC において，AB＝BC＝CA のとき，△ABC は正三角形である。

3 右の図の台形ABCDにおいて，AB＝DC，∠ABC＝∠DCBならば△ABC≡△DCBであることを次のように証明した。空欄(1)～(4)にあてはまる式やことばを答えなさい。 （各 7 点×4）

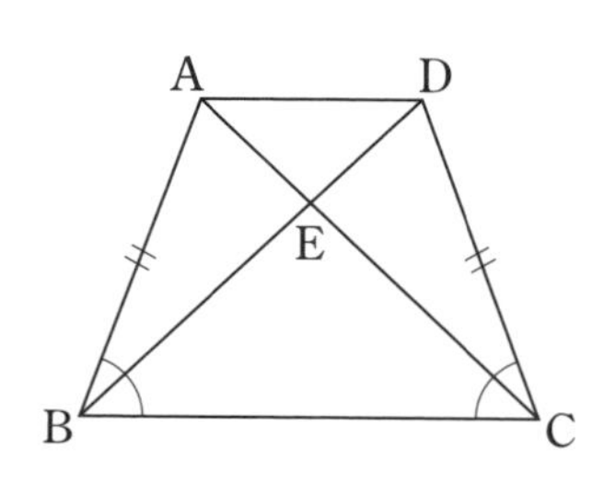

△ABC と△DCB において，

仮定より，(1)［　　　　］ …①

(2)［　　　　］ …②

(3)［　　　　］だから，BC＝CB …③

①～③より，(4)［　　　　］がそれぞれ等しいから，

△ABC≡△DCB

4 次の問いに答えなさい。

((1)(2)各７点×2，(3)(4)各８点×2)

(1) 右の図において，点D，Eはそれぞれ線分AB，CB上の点で，AB＝CB，∠BAE＝∠BCDである。このとき，AE＝CDであることを証明しなさい。

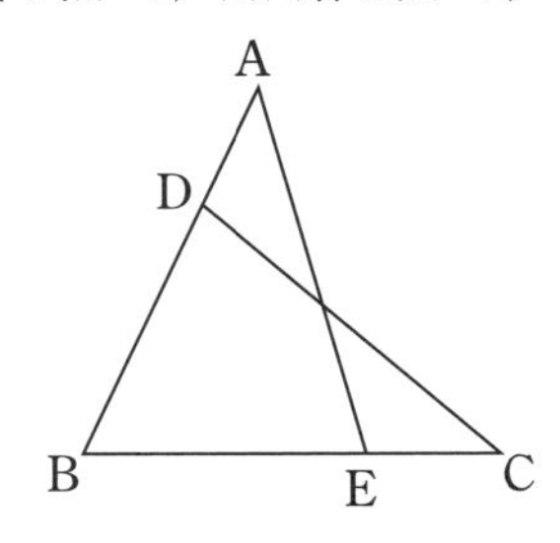

(2) 右の図において，点FはBCの中点，BD//ECである。このとき，DF＝EFであることを証明しなさい。

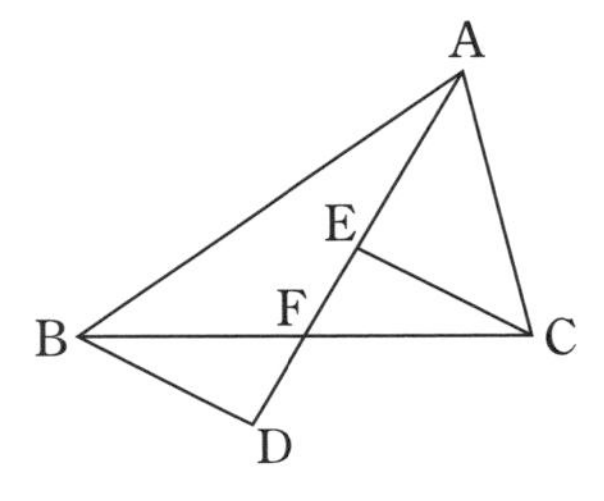

(3) 右の図は，直線上の点Pを通る垂線を作図する方法を示したものである。このとき，∠APQ＝∠BPQ＝90°であることを証明しなさい。

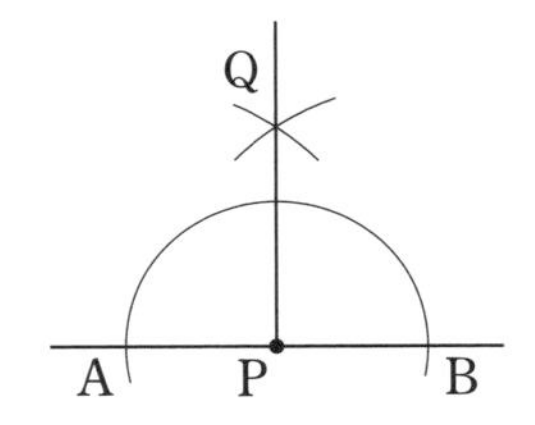

(4) 右の図において，印のついた角の大きさはそれぞれ等しいとする。このとき，∠H＝90°ならばAB//CDであることを証明しなさい。

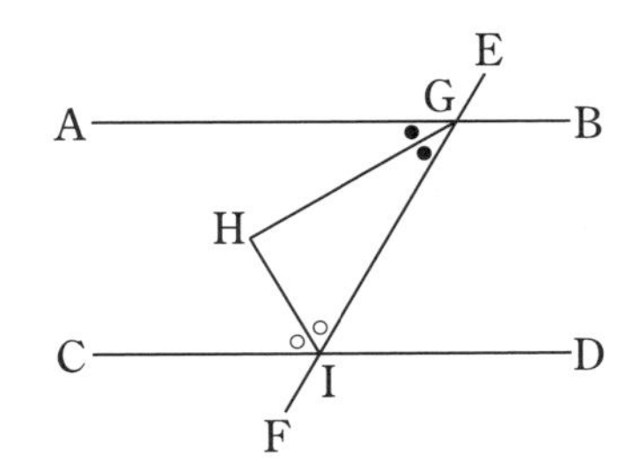

解答 別冊P38

20 三角形と四角形①

1	点／14点	2	点／35点	3	点／30点
4	点／21点				

点／100点

1 **次の図において，$\angle x$の大きさを求めなさい。** （各７点×2）

(1) AB＝BC＝CD＝DE

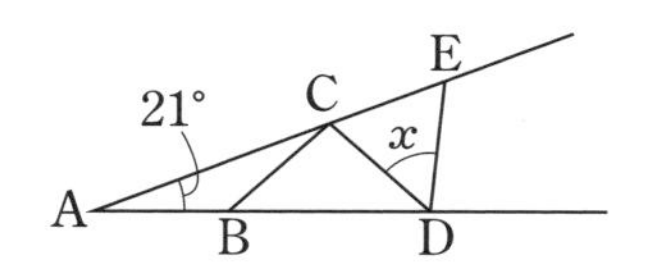

(2) △ABCは正三角形

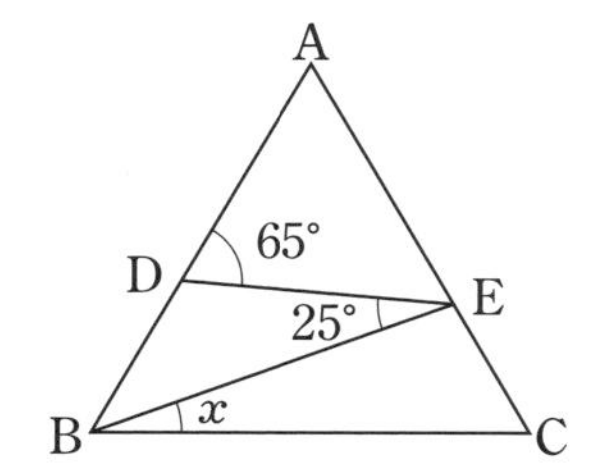

2 **右の図において，△ABCと△ADEは正三角形である。このとき，AB＝DC＋CEであることを次のように証明した。空欄(1)～(5)にあてはまる式やことばを答えなさい。**

（各７点×5）

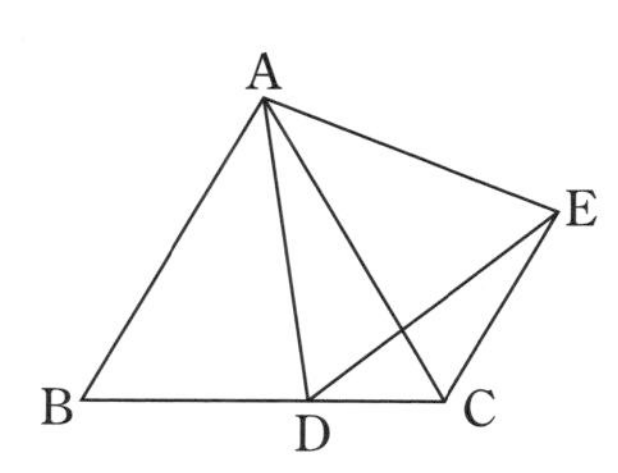

△ABDと△ACEにおいて，仮定より，

(1)［　　　　］…①，(2)［　　　　］…②

また，正三角形の１つの角度は60°であるから，

∠DAB＝(3)［　　　　］，∠EAC＝(3)［　　　　］

よって，∠DAB＝∠EAC　…③

①～③より，(4)［　　　　］がそれぞれ等しいから，

△ABD≡△ACE　　すなわち，BD＝CE

したがって，BD＋DC＝CE＋DCであるから，(5)［　　　］＝DC＋CE

AB＝(5)［　　　］であるから，AB＝DC＋CE

3 **次の問いに答えなさい。** （(1)(2)各７点×2，(3)(4)各８点×2）

(1) 右の図において，印のついた角の大きさはそれぞれ等しいとする。このとき，△AFEは二等辺三角形であることを証明しなさい。

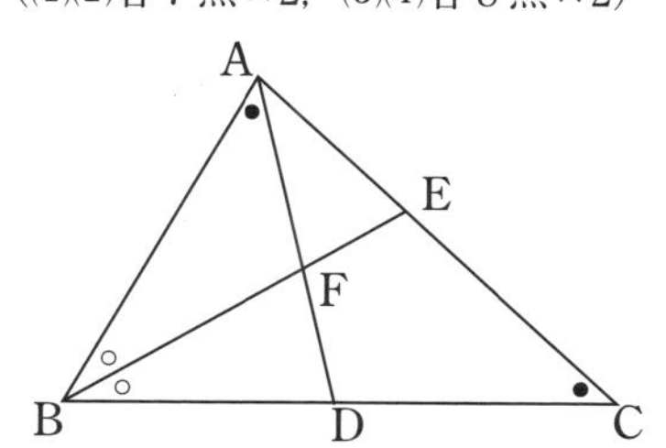

(2)　右の図において，△ABCと△ADEはそれぞれAB＝AC，AD＝AEの二等辺三角形であり，∠DAE＝∠BACである。このとき，BD＝CEであることを証明しなさい。

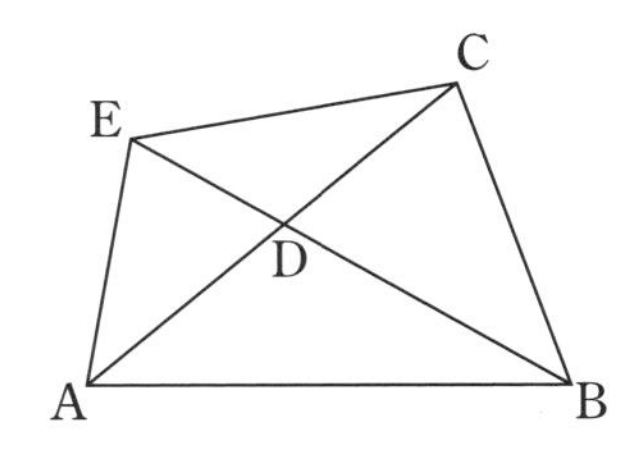

(3)　右の図のように，正三角形ABCの各辺を延長して，点D，E，Fを，AD＝BE＝CFとなるようにとる。このとき，△DEFは正三角形であることを証明しなさい。

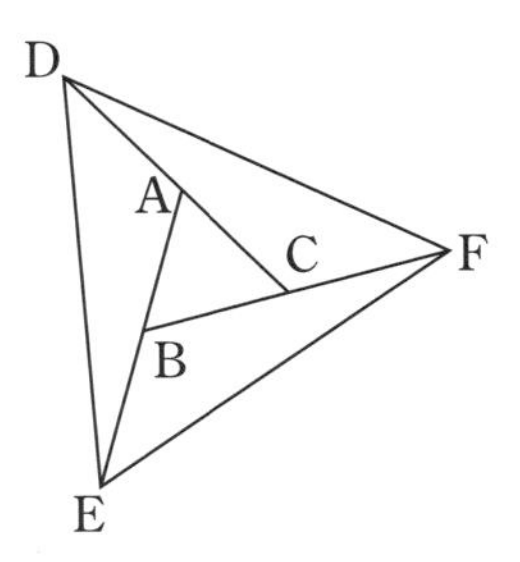

(4)　右の図において，△ABCは∠B＝90°の直角二等辺三角形であり，∠BAD＝∠CAD，AC⊥DEである。このとき，AB＝CD＋DEであることを証明しなさい。

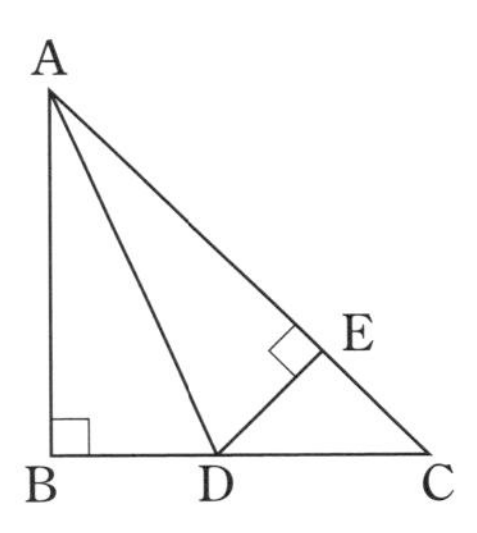

4 次のことがらの逆が正しければ○を，正しくなければ反例を1つ答えなさい。

（各7点×3）

(1)　△ABC≡△DEFならば，△ABCと△DEFの面積は等しい。

(2)　△ABC≡△DEFならば，AB＝DE，BC＝EF，CA＝FDである。

(3)　△ABC≡△DEFならば，∠A＝∠D，∠B＝∠E，∠C＝∠Fである。

解答　別冊P40

21 三角形と四角形②

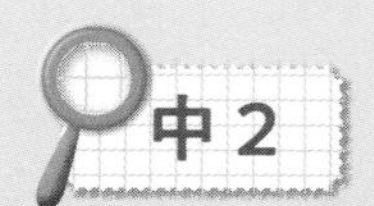

1　点／21点　2　点／14点　3　点／35点
4　点／30点

点／100点

1 **下のア～オの性質について，次の四角形にあてはまるものをすべて選び，記号で答えなさい。**　（各７点×3）

ア　対角線の長さが等しい	イ　４つの辺が等しい	ウ　４つの角が等しい
エ　対角線が垂直に交わる	オ　２組の辺が平行	

(1)　平行四辺形　　(2)　長方形　　(3)　ひし形

2 **次の図において，$\angle x$の大きさを求めなさい。**　（各７点×2）

(1)　四角形ABCDは平行四辺形，
△ABEはAB＝AEの二等辺三角形

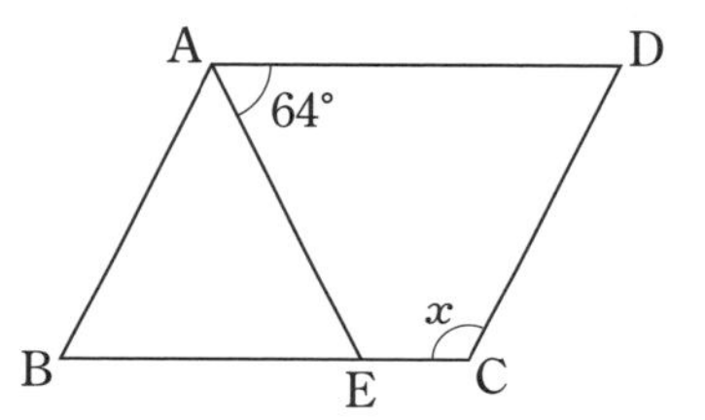

(2)　四角形ABCDはひし形，
△FBCは正三角形

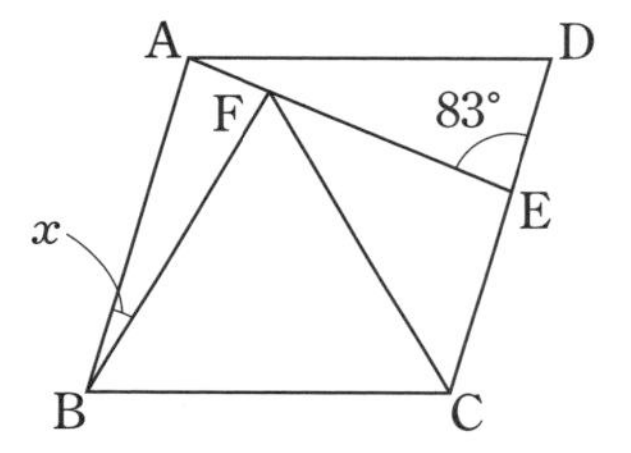

3 **右の図のように，平行四辺形ABCDの辺BCの中点をM，DMの延長とABの延長との交点をEとする。このとき，四角形BECDが平行四辺形であることを次のように証明した。空欄(1)～(5)にあてはまる式やことばを答えなさい。**　（各７点×5）

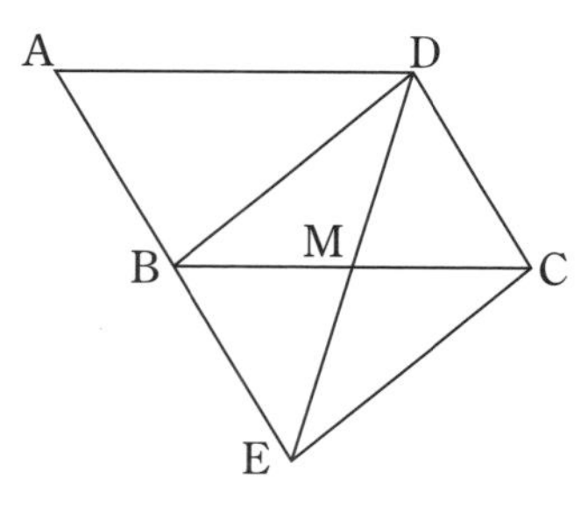

△BEMと△CDMにおいて，
仮定より，BM＝CM　…①
対頂角が等しいから，(1)［　　　　］　…②
AE//DCより，錯角が等しいから，(2)［　　　　］　…③
①～③より，(3)［　　　　］がそれぞれ等しいから，
△BEM≡△CDM　　すなわち，(4)［　　　　］　…④
①，④より，四角形BECDにおいて，対角線が(5)［　　　　］
から，四角形BECDは平行四辺形である。

4 次の問いに答えなさい。

((1)(2)各７点×2，(3)(4)各８点×2)

(1)　右の図の平行四辺形ABCDにおいて，AB＝BCである。このとき，平行四辺形ABCDはひし形であることを証明しなさい。

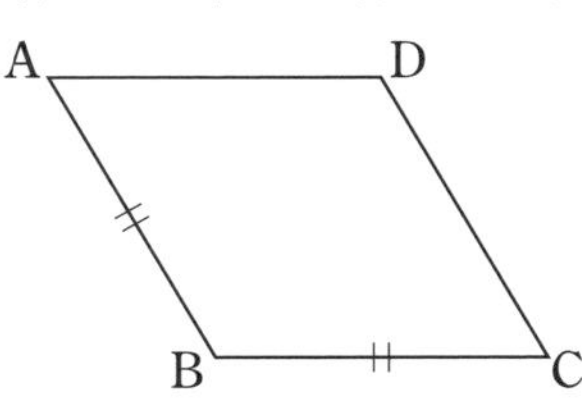

(2)　右の図において，△ABCはAB＝ACの二等辺三角形，点D，Eはそれぞれ辺BC，ACの中点である。DEを延長し，DE＝EFとなるように点Fをとる。このとき，四角形ADCFは長方形であることを証明しなさい。

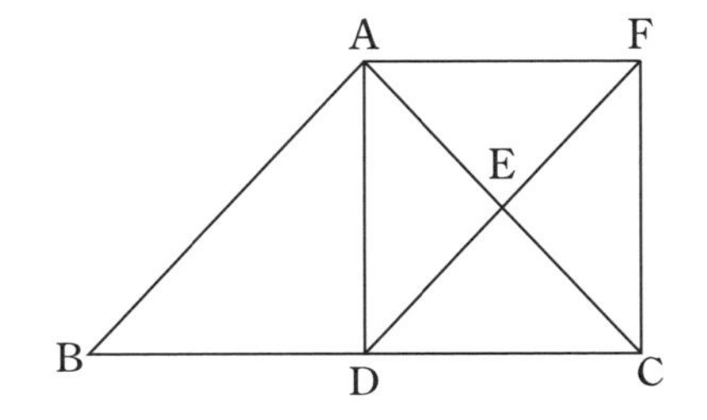

(3)　右の図のように，△ABCの外側に，AB，ACを１辺とする正方形ABDE，ACFGをつくる。このとき，BG＝ECであることを証明しなさい。

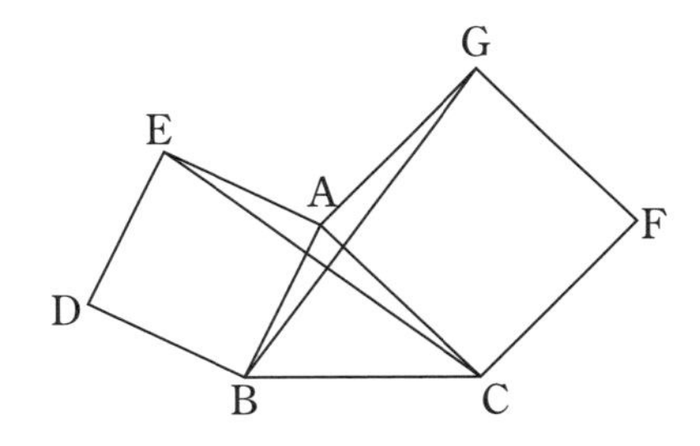

(4)　右の図において，四角形ABCDは平行四辺形で，BD//EFである。このとき，△ABE＝△AFDであることを証明しなさい。

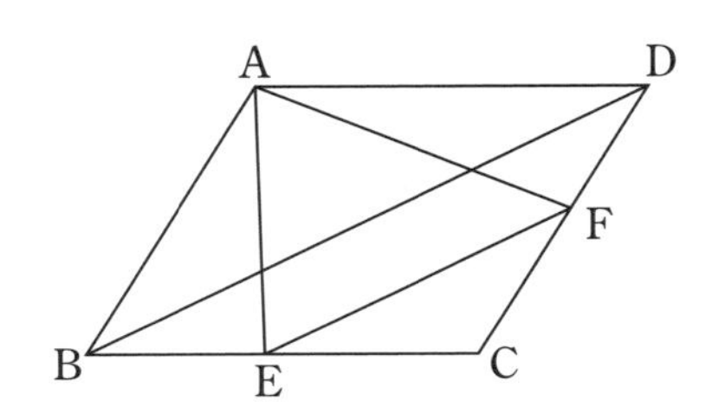

22 相似①

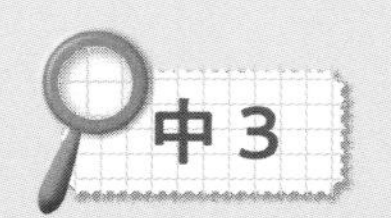

1　点／24点　2　点／28点　3　点／16点
4　点／32点
点／100点

1 **次の図において，相似な三角形を3組見つけ出し，記号∽を使って表しなさい。また，そのとき使った相似条件を答えなさい。**　(各8点×3，組ごとに完答)

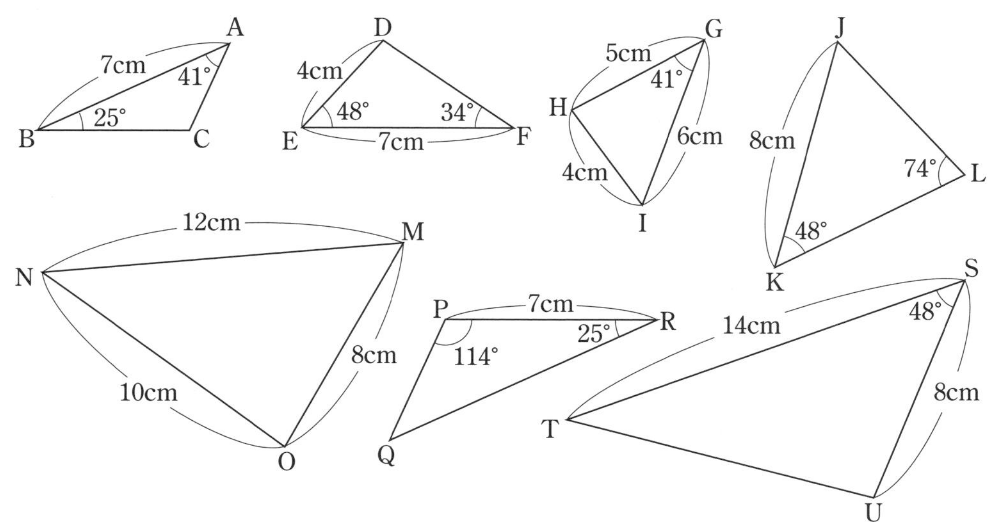

2 **右の図のように，AB＝BCの直角二等辺三角形ABCと，DB＝BEの直角二等辺三角形DBEがある。次の問いに答えなさい。**　(各7点×4)

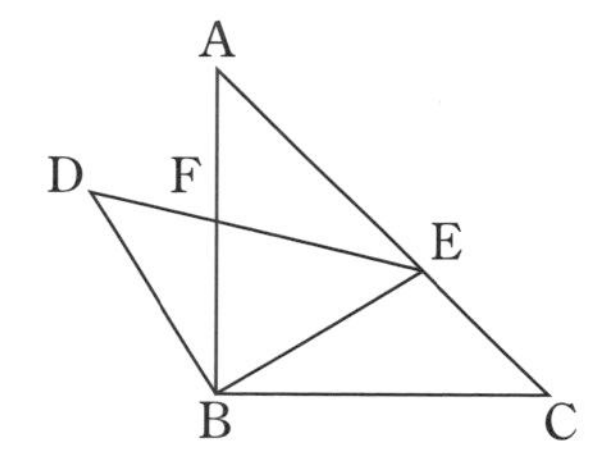

(1)　△DBF∽△CBEであることを次のように証明した。空欄ア～ウにあてはまる式やことばを答えなさい。

△DBFと△CBEにおいて，［ア　　＝　　］＝45°　…①
∠ABC＝∠DBE＝90°であるから，∠DBF＝［イ　　］
∠CBE＝［イ　　］
よって，∠DBF＝∠CBE　…②
①，②より，［ウ　　］がそれぞれ等しいから，△DBF∽△CBE

(2)　AB＝16cm，DB＝12cmであるとき，BFの長さを求めなさい。

3 **右の図において，四角形ABCDと四角形GCEFは正方形であり，BGの延長とDEとの交点をHとする。次の問いに答えなさい。** （各8点×2）

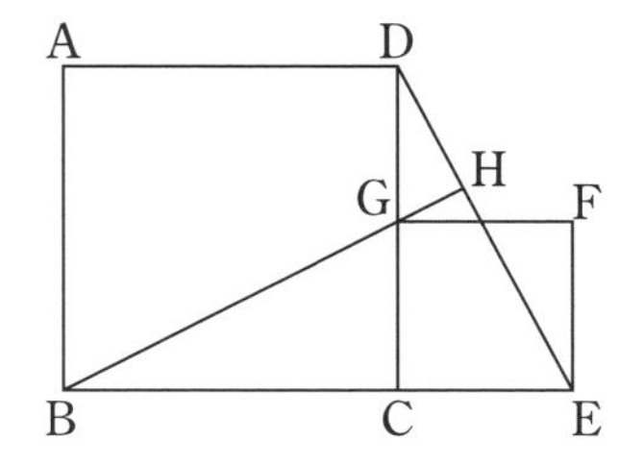

(1) △BCG≡△DCEであることを証明しなさい。

(2) △BCG∽△DHGであることを証明しなさい。

4 **次の問いに答えなさい。** （各8点×4）

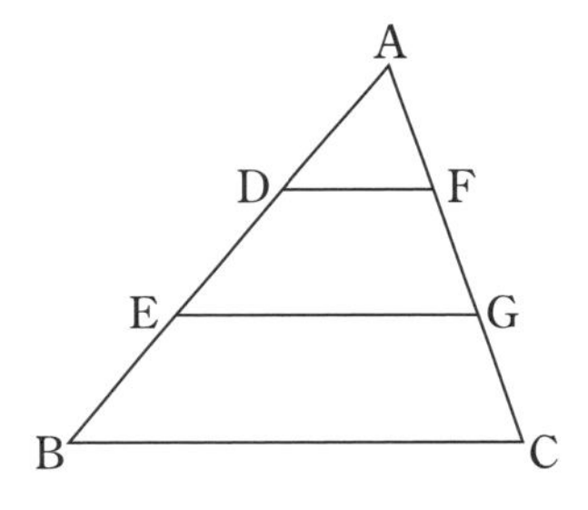

(1) 右の図の△ABCにおいて，点D，Eは辺ABを3等分，点F，Gは辺ACを3等分している。

① 四角形DEGFと四角形EBCGの面積比を求めなさい。

② △ABCの面積が81cm²であるとき，△AEGの面積を求めなさい。

(2) 相似な2つの立体P，Qがある。PとQの相似比は2：5である。

① Pの表面積が40cm²であるとき，Qの表面積を求めなさい。

② Qの体積が750cm³であるとき，Pの体積を求めなさい。

解答 別冊P44

23 相似②

1	点／56点	2	点／14点	3	点／18点
4	点／12点				

点／100点

1 次の図において，xの値を求めなさい。 （各７点×8）

(1) DE//BC

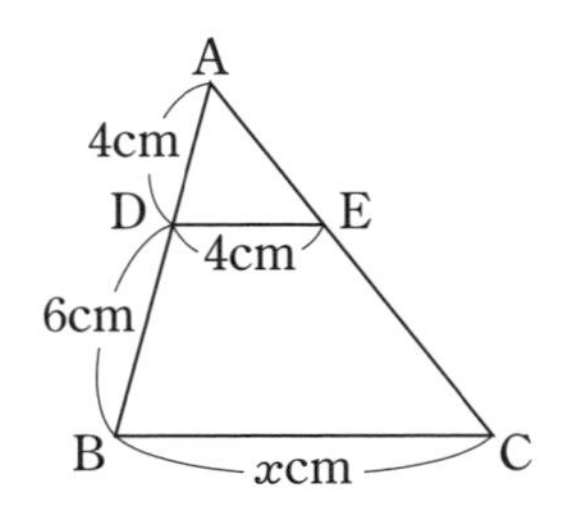

(2) DE//BC

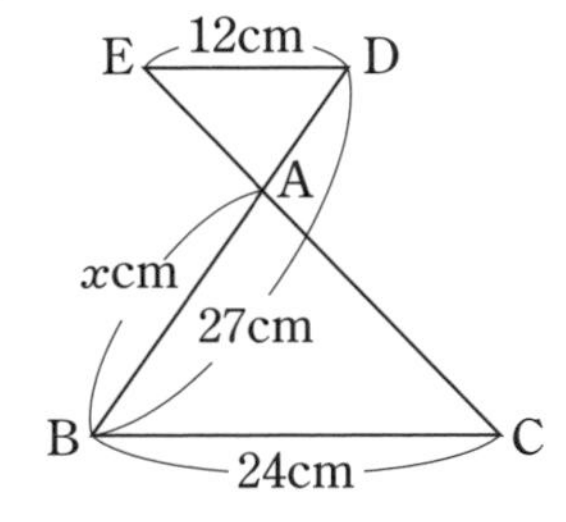

(3) AB//CD，EF//BC

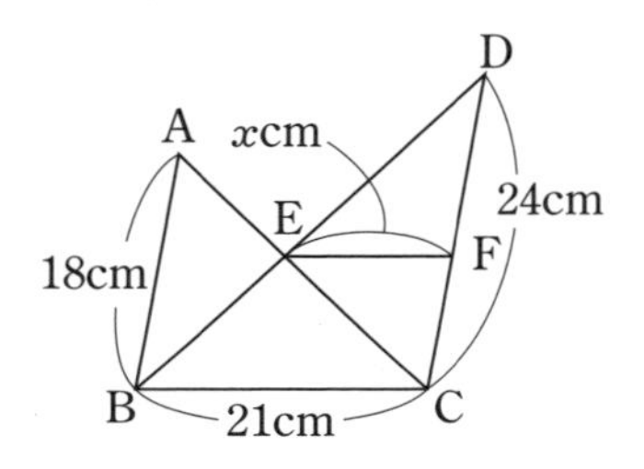

(4) $\ell // m // n$

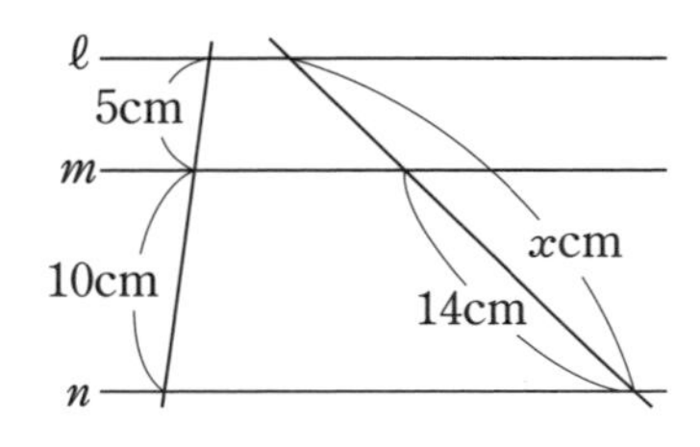

(5) $\ell // m // n$

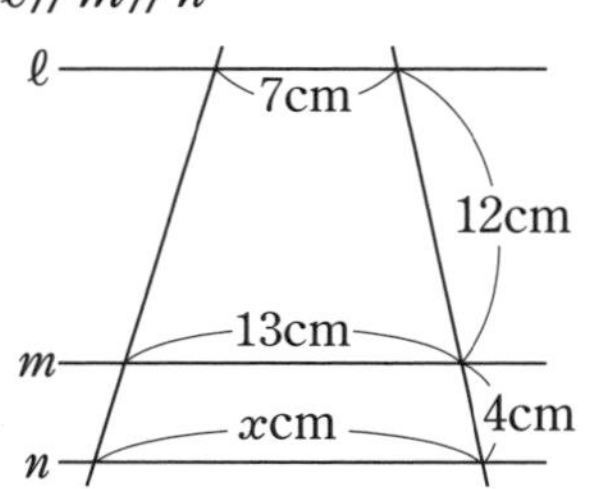

(6) ∠ACD＝∠BCD

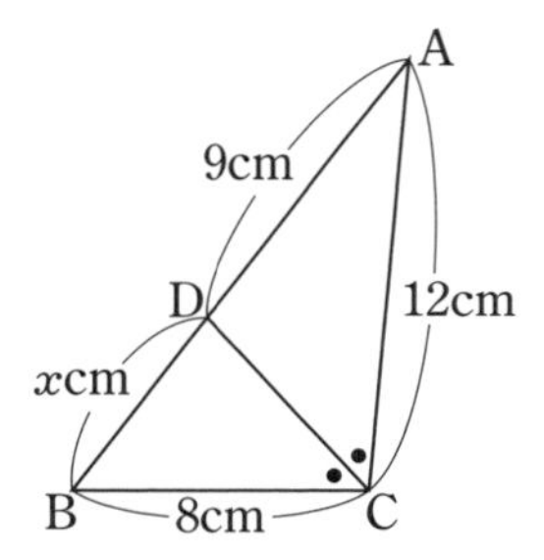

(7) ∠BAD＝∠CAD

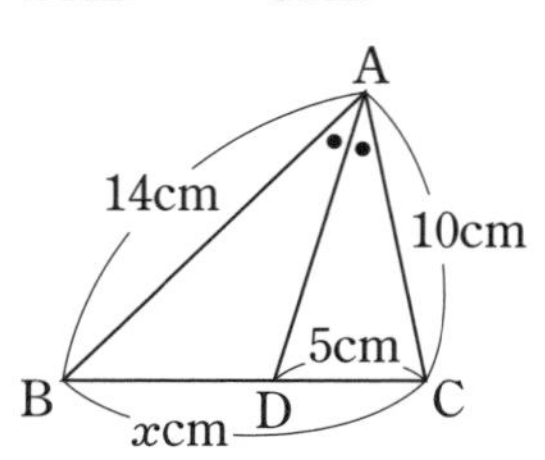

(8) ∠BAD＝∠CAD，∠ACE＝∠BCE

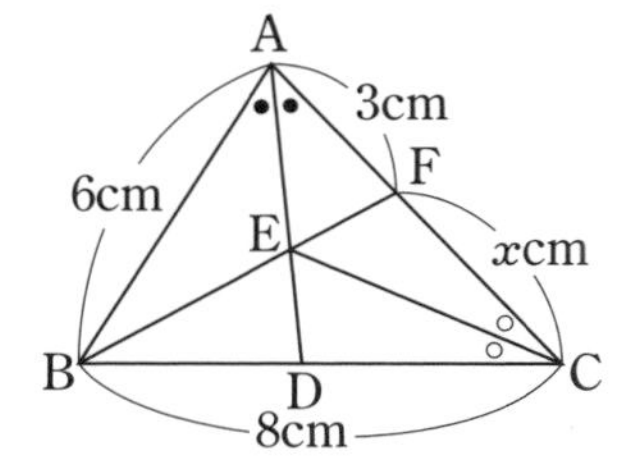

2 **右の図の△ABCにおいて，点D，Eは辺ACを3等分する点であり，点Fは辺BCの中点である。また，点GはAFとBDとの交点であり，EF=10cmである。次の問いに答えなさい。** （各7点×2）

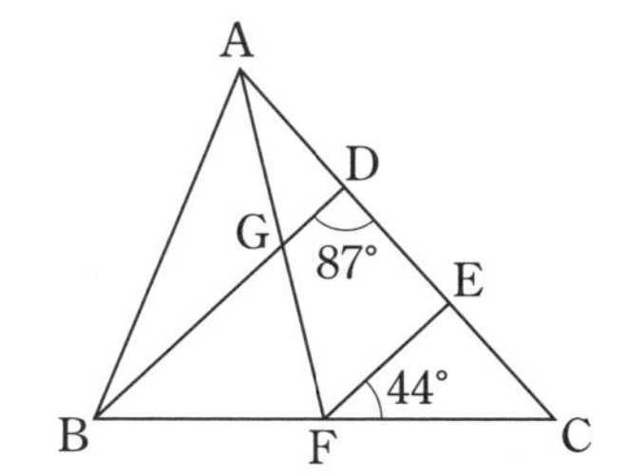

(1) BGの長さを求めなさい。

(2) ∠ACBの大きさを求めなさい。

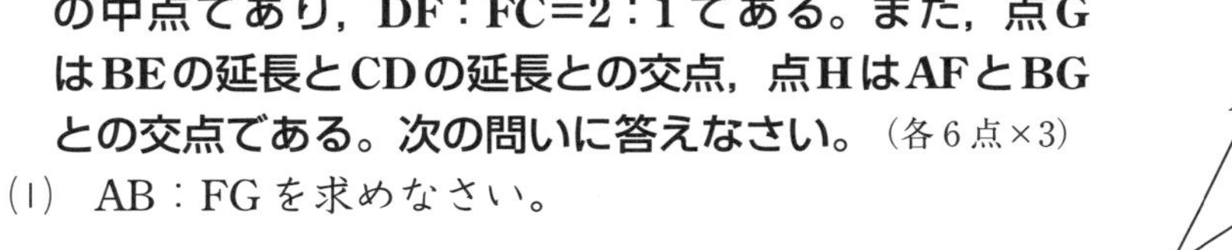

3 **右の図の平行四辺形ABCDにおいて，点Eは辺ADの中点であり，DF：FC=2：1である。また，点GはBEの延長とCDの延長との交点，点HはAFとBGとの交点である。次の問いに答えなさい。** （各6点×3）

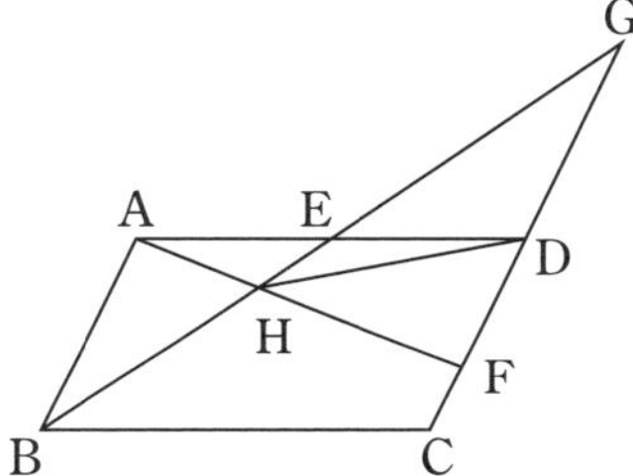

(1) AB：FGを求めなさい。

(2) △ABHの面積が27cm^{2}であるとき，△FGHの面積を求めなさい。

(3) (2)のとき，△HFDの面積を求めなさい。

4 **次の問いに答えなさい。** （各6点×2）

(1) 地面に垂直に立っている1.2mの棒の影の長さが1.5mであるとき，影の長さが20mの鉄塔の高さは何mか求めなさい。

(2) 公園の木の高さを測るため，根元から17m離れた台の上に立ち，木の先端を見上げたところ，水平面から45°の角度になった。目の高さを1.6m，台の高さを0.9mとするとき，木の高さは何mか求めなさい。

解答 別冊P46

1 点／56点 2 点／12点 3 点／18点
4 点／14点

点／100点

1 次の図において，∠x の大きさを求めなさい。ただし，点Oは円の中心である。

（各7点×8）

(1)

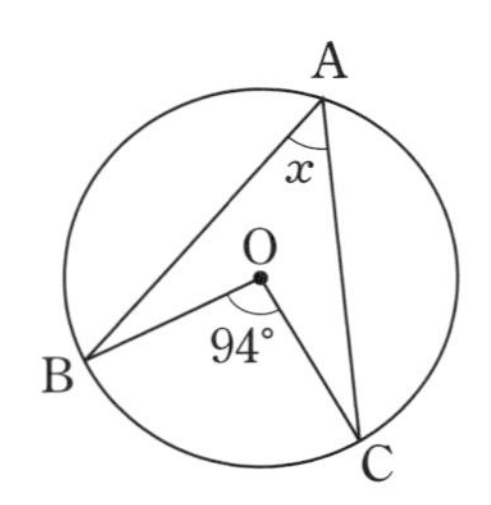

(2)

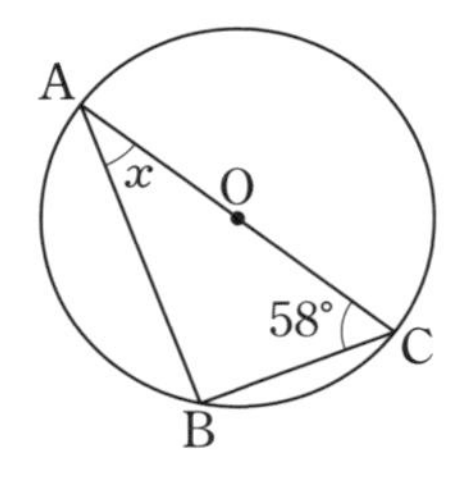

(3)

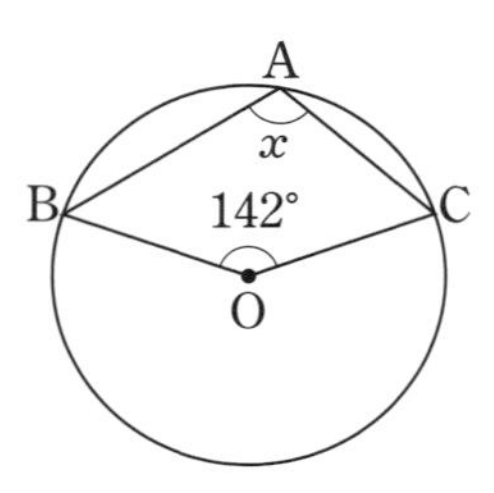

(4)

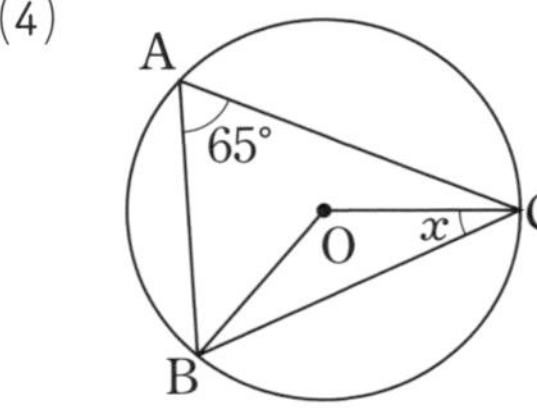

(5)

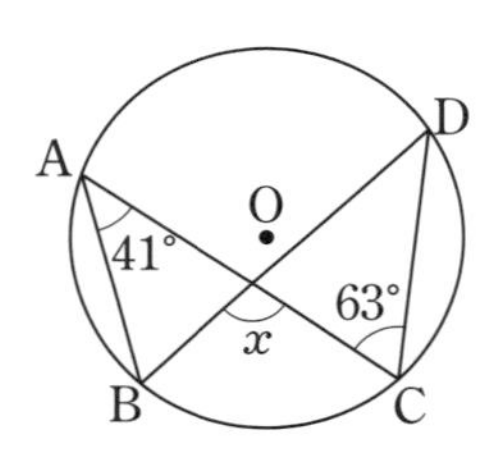

(6) $\overset{\frown}{AB}:\overset{\frown}{BC}=1:2$

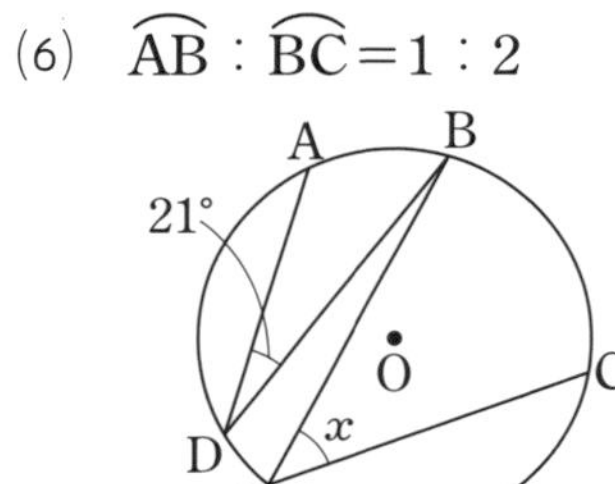

(7) 線分ABは，Bを接点とする円Oの接線

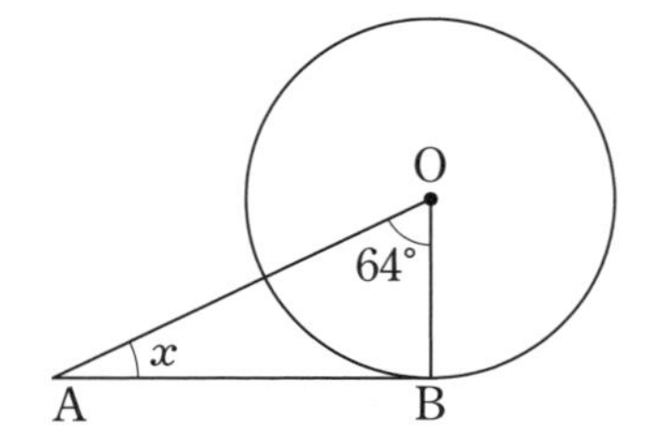

(8) 線分CA，CBは，A，Bを接点とする円Oの接線で，AB＝CA

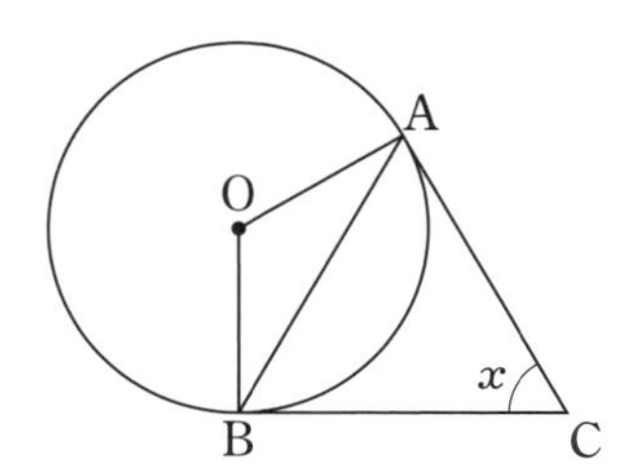

2 **右の図の四角形ABCDにおいて，次の問いに答えなさい。** （各6点×2）

(1) 4点A，B，C，Dは1つの円周上にあることを証明しなさい。

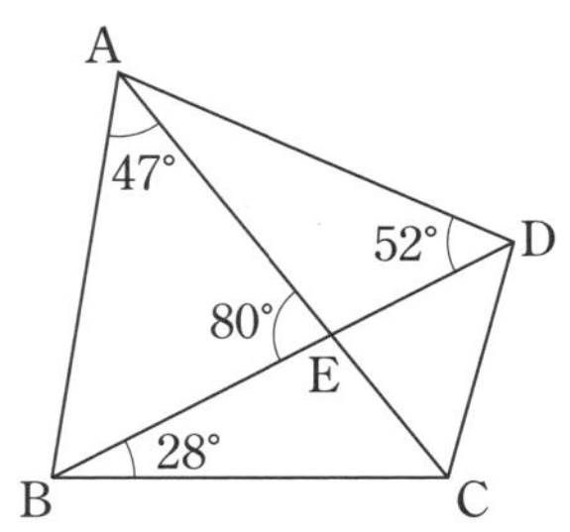

(2) ∠ACDの大きさを求めなさい。

3 **右の図において，△ABCの各辺は3点D，E，Fで円Oに接している。次の問いに答えなさい。** （各6点×3）

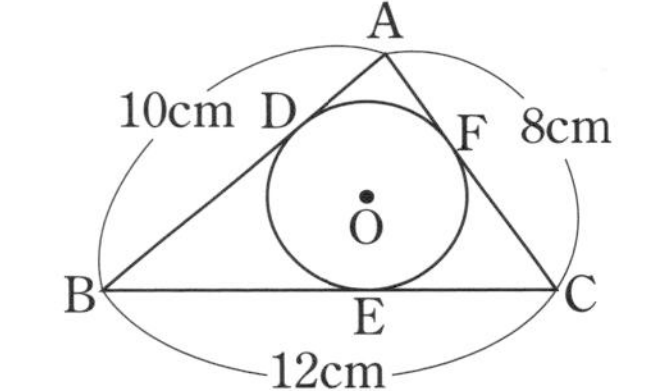

(1) AD＝$x$cm，BD＝$(10-x)$cmとして，次の長さをxを用いて表しなさい。

① 線分BE　　② 辺BC

(2) xの値を求めなさい。

4 **右の図のように，円周上に4点A，B，C，Dがあり，BC＝DCである。次の問いに答えなさい。** （各7点×2）

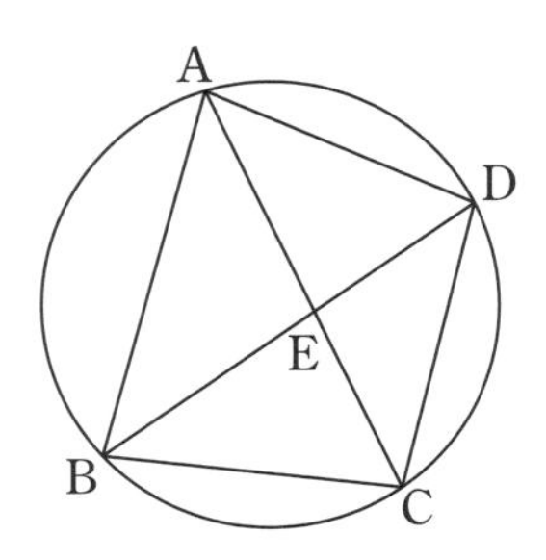

(1) △ACD∽△DCEであることを証明しなさい。

(2) AC＝9cm，DC＝6cmのとき，AEの長さを求めなさい。

解答　別冊P48

25 三平方の定理①

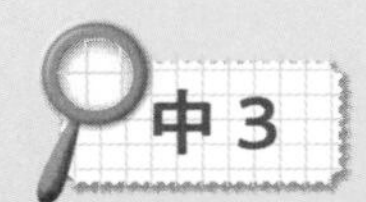

1 　点／56 点　2 　点／12 点　3 　点／18 点
4 　点／14 点

点／100点

1 次の図において，x の値を求めなさい。

（各 7 点×8）

(1)

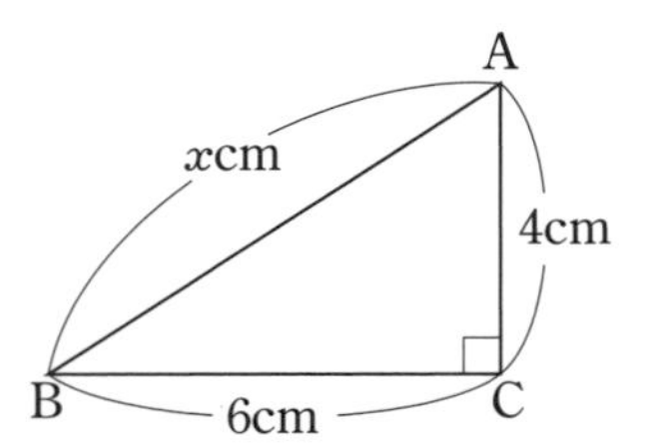

(2)

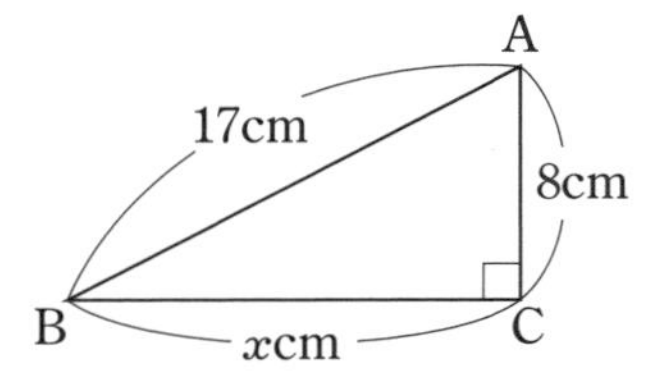

(3)

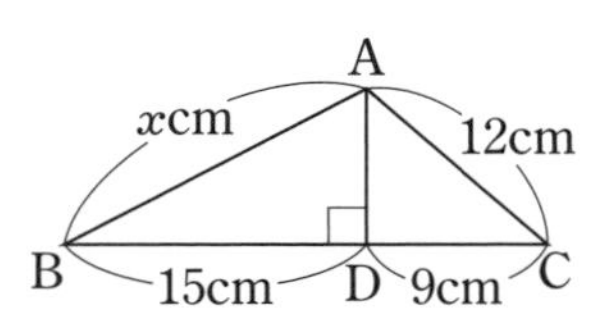

(4)

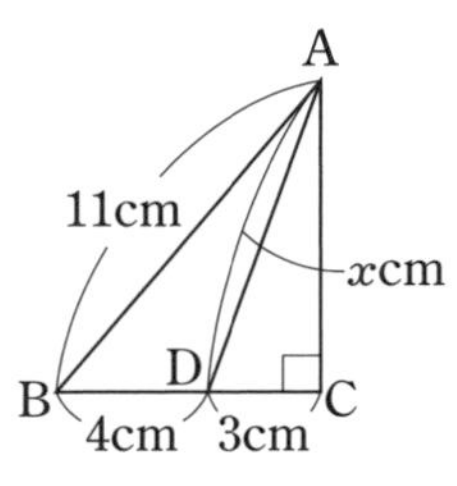

(5)

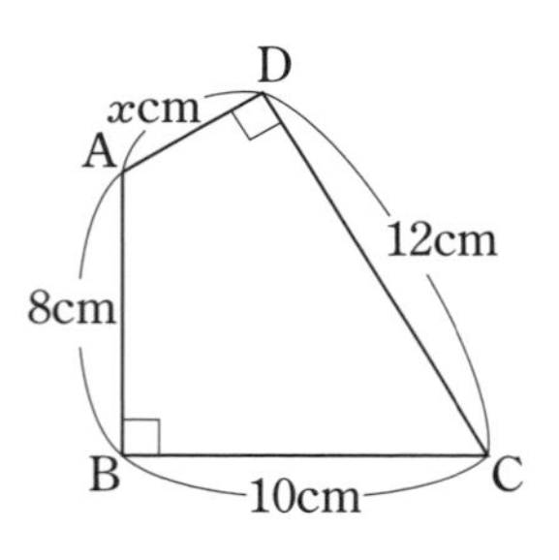

(6)

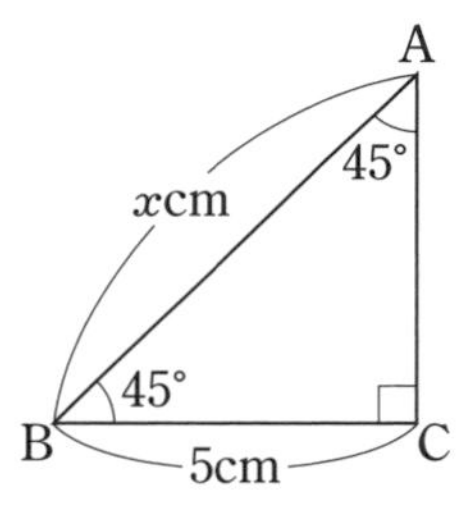

(7)

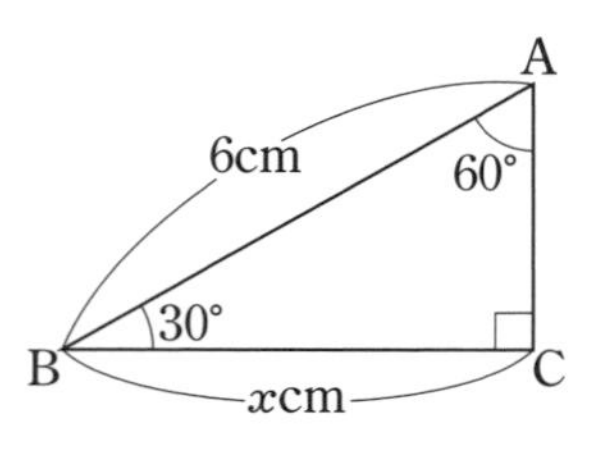

(8)

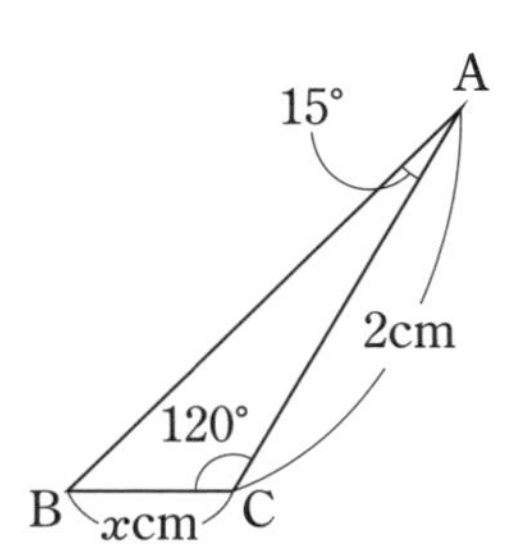

2 **3辺の長さが次のような三角形は，直角三角形であるか答えなさい。** (各6点×2)

(1) 6cm，9cm，11cm　　(2) 7cm，24cm，25cm

3 **次の問いに答えなさい。** (各6点×3)

(1) 直角三角形ABCにおいて，辺ABの長さは辺BCより4cm長く，辺BCの長さは辺CAより4cm長い。このとき，辺CAの長さを求めなさい。

(2) 周の長さが24cmの直角三角形があり，斜辺の長さは10cmである。この直角三角形のもっとも短い辺の長さを求めなさい。

(3) 1辺の長さが7cmのひし形において，1つの対角線の長さが6cmであるとき，もう一方の対角線の長さを求めなさい。

4 **右の図のような△ABCがある。次の問いに答えなさい。** (各7点×2)

(1) 頂点Aから辺BCに垂線AHをひく。このとき，BHの長さを求めなさい。

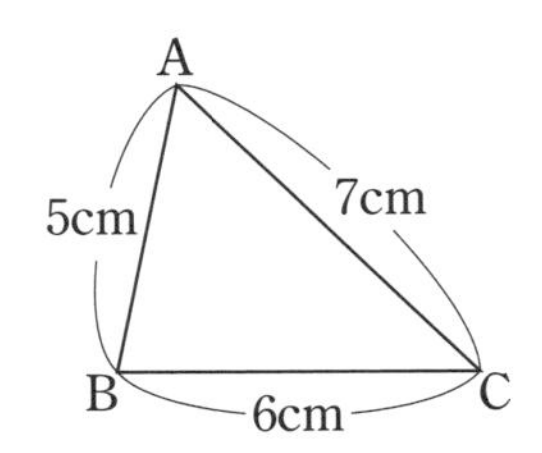

(2) △ABCの面積を求めなさい。

解答　別冊P50

26 三平方の定理②

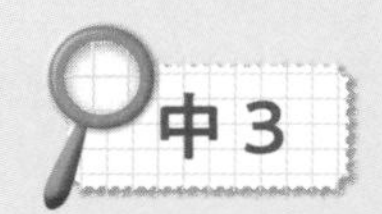

1	点／30点	2	点／24点	3	点／21点
4	点／18点	5	点／7点		

点／100点

1 **3点A(2, 4), B(−1, −2), C(6, 2)を頂点とする△ABCがある。次の問いに答えなさい。** (各6点×5)

(1) 次の辺の長さを求めなさい。

① 辺AB　② 辺BC　③ 辺AC

(2) △ABCはどのような形の三角形か答えなさい。

(3) △ABCの面積を求めなさい。

2 **次の問いに答えなさい。** (各6点×4)

(1) 次の図において，xの値を求めなさい。ただし，点Oは円の中心である。

① 円の半径が4cm,
弦ABの長さが6cm

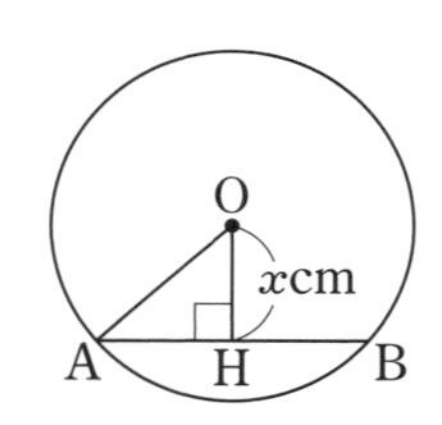

② 円の半径が5cm,
線分ABは円の接線で，長さが12cm

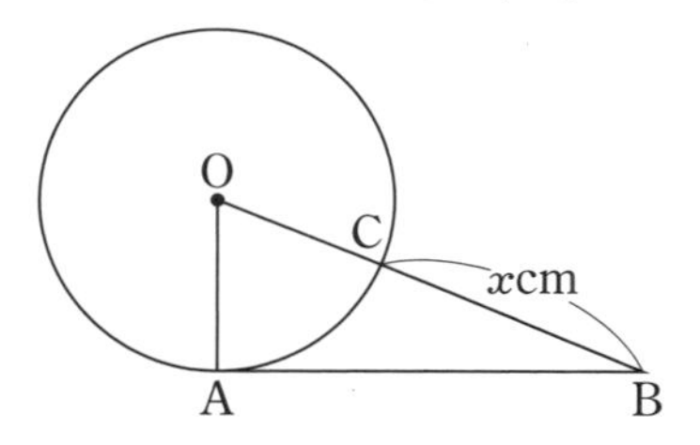

(2) 右の図において，直線ℓは，半径3cmの円Oと半径2cmの円O′に共通な接線であり，点A，Bはそれぞれの接点である。

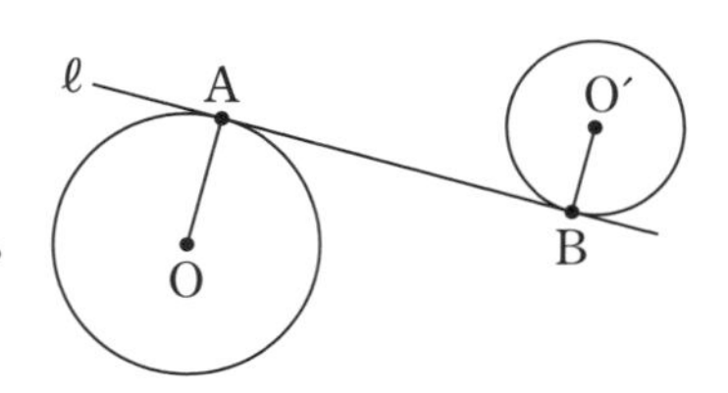

① 点Oから直線O′Bに垂線をひき，交点をHとする。このとき，O′Hの長さを求めなさい。

② AB＝6cmであるとき，OO′の長さを求めなさい。

3 **右の図のような直方体がある。次の問いに答えなさい。** （各7点×3）

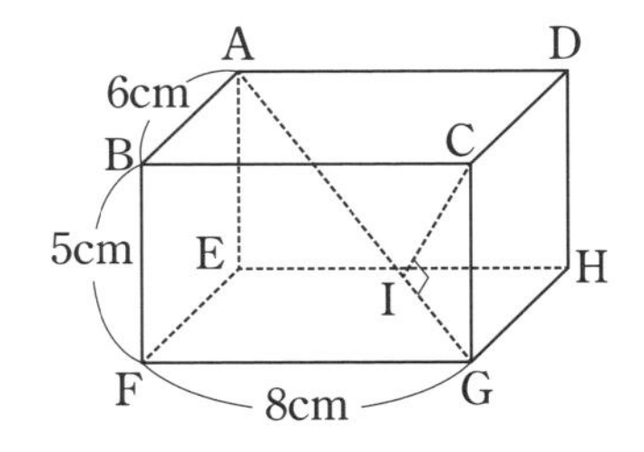

(1) △ACGの面積を求めなさい。

(2) 対角線AGの長さを求めなさい。

(3) 頂点Cから対角線AGに垂線をひき，交点をIとする。CIの長さを求めなさい。

4 **右の図のような，底面が1辺6cmの正方形で，他の辺の長さが9cmの正四角錐がある。次の問いに答えなさい。** （各6点×3）

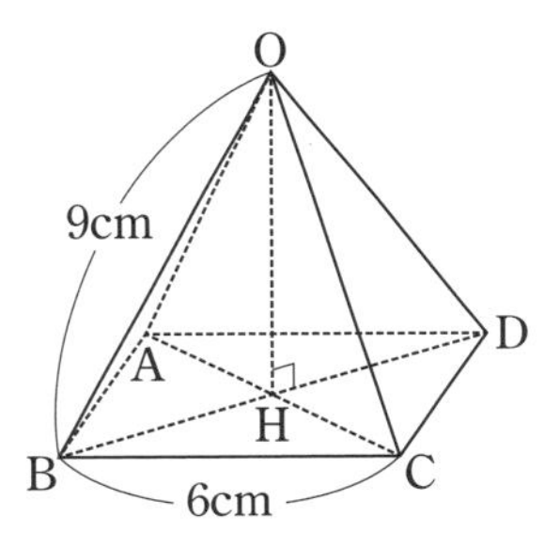

(1) 正方形ABCDの対角線の交点をHとする。OHの長さを求めなさい。

(2) この正四角錐の体積を求めなさい。

(3) この正四角錐の表面積を求めなさい。

5 **右の図のような直方体の頂点Aから，辺DH上の点P，辺CG上の点Qを通って頂点Fまで糸をまきつける。糸の長さが最短になるとき，その長さを求めなさい。** （7点）

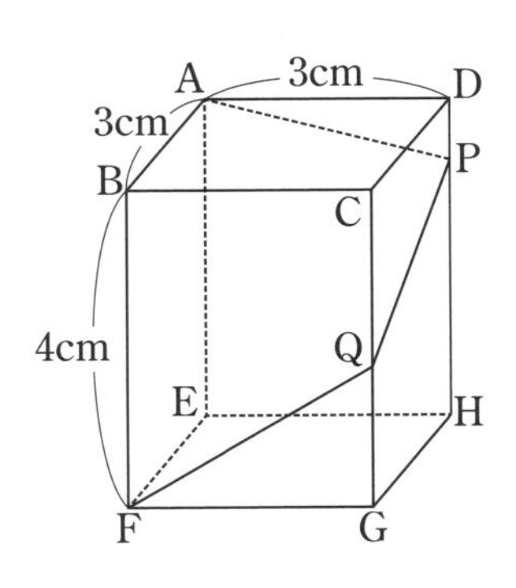

解答 別冊P52

27 データの活用①

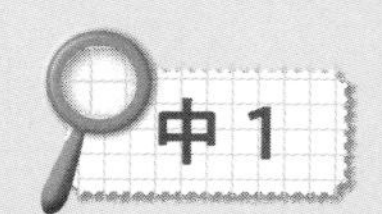

1　　点／60点　2　　点／25点　3　　点／15点　　点／100点

1 下のデータは，ある中学校の生徒15人の体重測定の結果である。次の問いに答えなさい。

（各6点×10，(2)①と(3)①②は各完答）

44	41	58	47	43	51	54	49
47	56	49	50	46	50	47	（単位はkg）

(1)　次の値を求めなさい。

①　最頻値　　②　中央値　　③　範囲

④　平均値

(2)　このデータを，度数分布表にまとめる。

①　右の度数分布表を完成させなさい。

②　度数がもっとも大きい階級の階級値を答えなさい。

階級(kg)	度数(人)
40以上45未満	
45 ～ 50	
50 ～ 55	
55 ～ 60	
計	15

③　各階級にふくまれるデータはすべて階級値をとると考えたとき，生徒15人の体重の平均値を求めなさい。ただし，小数第2位を四捨五入して答えなさい。

④　(2)③の値から(1)④の値をひいた差を求めなさい。

(3)　このデータを，ヒストグラムにまとめる。

①　右のヒストグラムを完成させなさい。

②　①のヒストグラムに，度数折れ線をかきなさい。

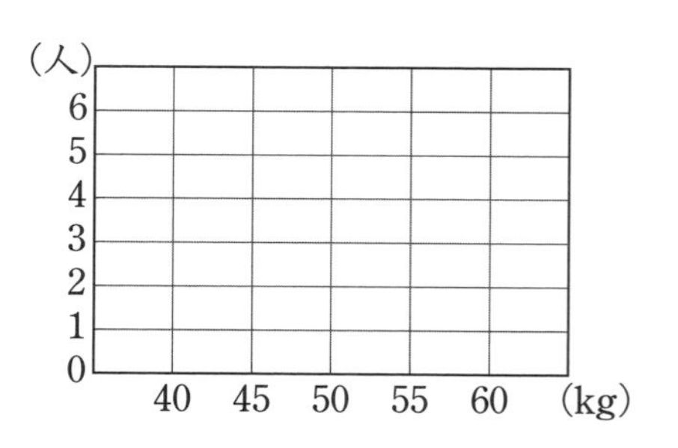

2 **下のデータは，いちご20個の重さを調べた結果である。この結果を，表にまとめる。次の問いに答えなさい。**　(各完答 5 点×5)

33	24	30	23	27	18	22	25	29	24	
22	25	36	32	25	30	28	27	21	35	(単位はg)

階級(g)	度数(個)	相対度数	累積度数(個)	累積相対度数
15 以上 20 未満				
20 ～ 25				
25 ～ 30				
30 ～ 35				
35 ～ 40				
計	20	1.00		

(1) 上の表の「度数」の列の空欄をうめなさい。

(2) 上の表の「相対度数」の列の空欄をうめなさい。

(3) (2)の相対度数を，右の図に折れ線グラフで表しなさい。

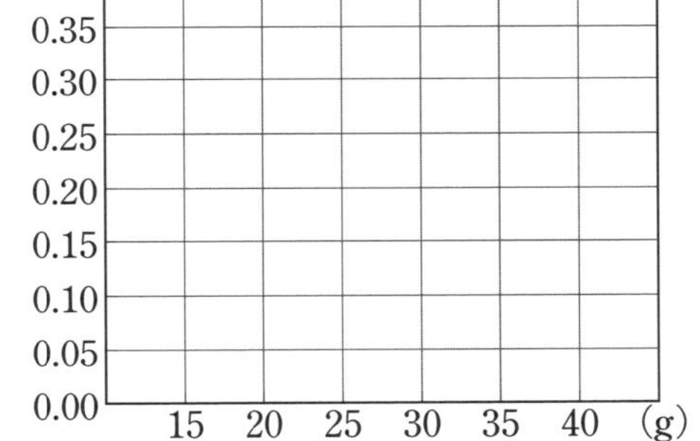

(4) 上の表の「累積度数」の列の空欄をうめなさい。

(5) 上の表の「累積相対度数」の列の空欄をうめなさい。

3 **右の図は，ある中学校の 1 年生 100 人と 3 年生 90 人の通学時間を調べ，その結果を相対度数の折れ線グラフで表したものである。次の問いに答えなさい。**　(各 5 点×3)

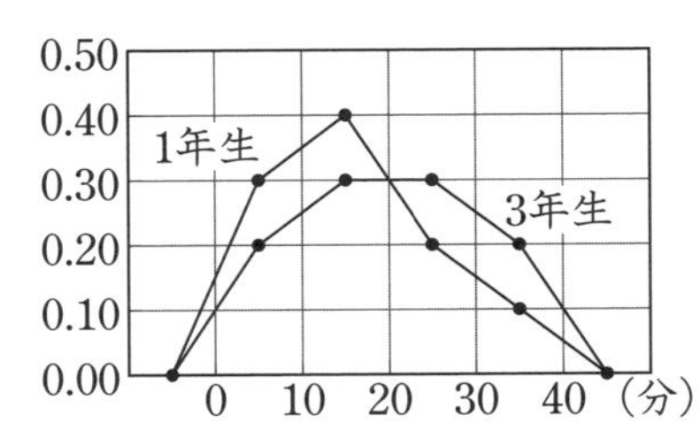

(1) 次の人数を求めなさい。

① 通学時間が 0～10 分の 1 年生の人数　② 通学時間が 20 分以上の 3 年生の人数

(2) 全体的な傾向として通学時間が長いのは，1 年生と 3 年生のどちらか答えなさい。

解答　別冊 P54

28 データの活用②

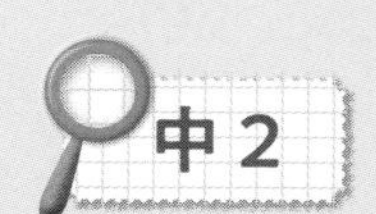

1 　　点／40点　2 　　点／12点　3 　　点／30点　4 　　点／18点

点／100点

1 次のデータについて，第2四分位数と四分位範囲をそれぞれ求めなさい。

（各5点×8）

(1)　22　14　19　17　23　11　14　16　17　20　19

①　第2四分位数　　②　四分位範囲

(2)　15　18　23　10　14　22　14　17　19　15

①　第2四分位数　　②　四分位範囲

(3)　24　21　18　17　14　21　22　19　16

①　第2四分位数　　②　四分位範囲

(4)　18　11　16　27　23　13　25　19　12　21　23　29

①　第2四分位数　　②　四分位範囲

2 下のデータは，あるゲームを10回行ったときの得点である。このデータの平均値が84点，第3四分位数が88点であるとき，次の問いに答えなさい。

（各6点×2，(1)完答）

92	90	77	78	83	81	88	76	a	b	（単位は点）

(1)　a，bの値をそれぞれ求めなさい。ただし，a，bは自然数で，$a<b$とする。

(2)　中央値を求めなさい。

3 **ある中学校の生徒 20 人を，10 人ずつのグループA，Bに分け，50 点満点のテストを行ったところ，結果は下のようになった。次の問いに答えなさい。** （各 6 点×5）

A：31	40	28	22	37	20	25	45	29	42
B：36	27	15	46	34	39	50	18	20	40

（単位は点）

(1) 次の値を求めなさい。

① グループAの第 1 四分位数　　② グループBの第 3 四分位数

(2) グループA，Bの箱ひげ図を，下の図にそれぞれかきなさい。

① グループA　　② グループB

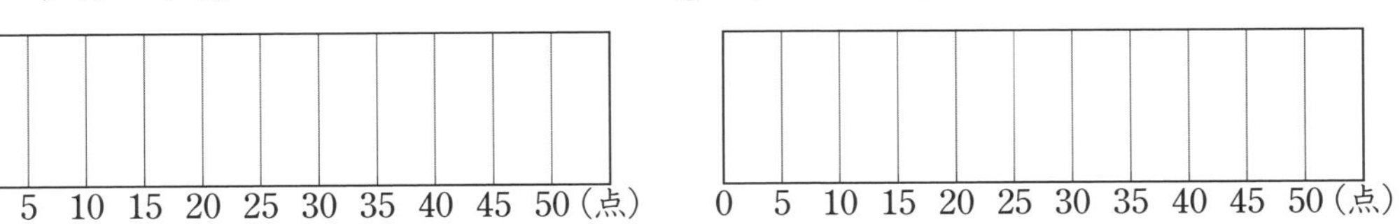

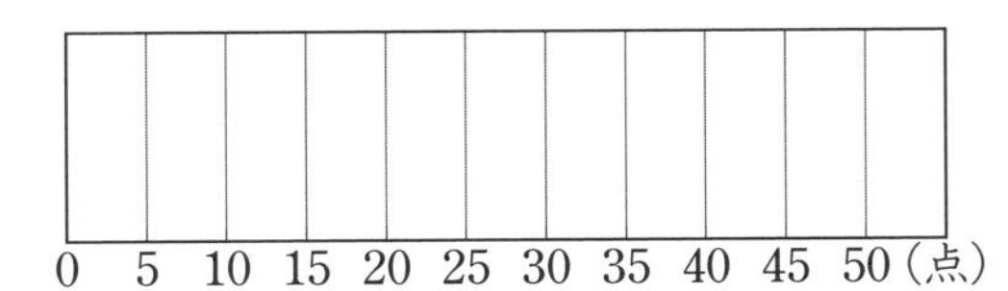

(3) 四分位範囲をもとに考えて，中央値のまわりの散らばりの程度が大きいのはどちらのグループか答えなさい。

4 **ある中学校の 2 年生の生徒がハンドボール投げを行った。右の図は，その記録を 15 人ずつの 4 班に分けてまとめた箱ひげ図である。次の(1)〜(3)にあてはまる班を，それぞれ答えなさい。** （各 6 点×3）

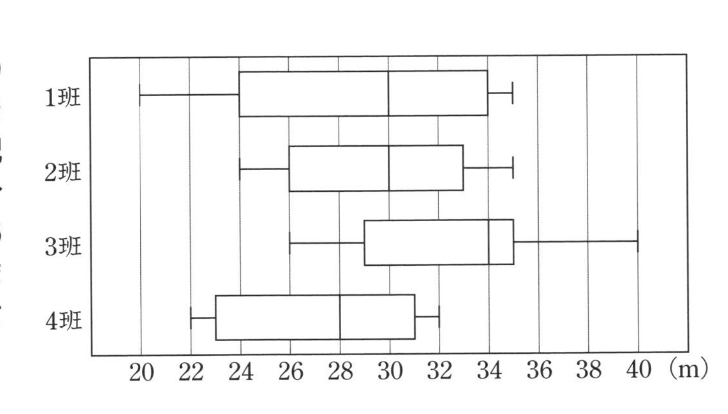

(1) 四分位範囲がもっとも大きい班

(2) 記録が 30m より大きい人が 8 人以上いる班

(3) 記録が 24m 未満の人が 4 人以上いる班

解答 別冊 P56

29 確率

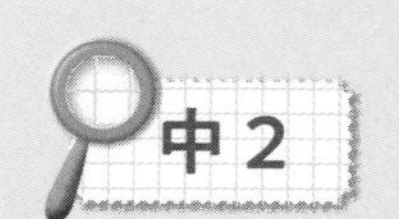

1	点／36点	2	点／24点	3	点／10点
4	点／18点	5	点／12点		

点／100点

1 次の確率を求めなさい。　（各６点×６）

(1)　１個のさいころを投げる。

①　３以上の目が出る確率　　②　偶数の目が出る確率

(2)　１から30までの整数が１つずつ書かれた30枚のカードから，１枚引く。

①　そのカードが７の倍数である確率　　②　そのカードが24の約数である確率

(3)　３枚の硬貨を同時に投げる。

①　３枚とも表になる確率　　②　１枚だけ裏になる確率

2 次の問いに答えなさい。　（各６点×４）

(1)　ジョーカーを除く52枚のトランプから，１枚引く。

①　そのカードが絵札(J(ジャック)，Q(クイーン)，K(キング))である確率を求めなさい。

②　そのカードが絵札でない確率を求めなさい。

(2)　２個のさいころを同時に投げる。このとき，出た目の数が同じでない確率を求めなさい。

(3)　黒玉２個，白玉３個が入った袋から，同時に２個の玉を取り出すとき，少なくとも１個は黒玉である確率を求めなさい。

3 **2個のさいころを同時に投げる。このとき，次の確率を求めなさい。** （各5点×2）

(1) 出た目の数の和が8になる確率

(2) 出た目の数の積が12の倍数になる確率

4 **Aさん，Bさん，Cさんの3人がじゃんけんを1回だけする。このとき，次の確率を求めなさい。** （各6点×3）

(1) 3人とも異なる手を出す確率

(2) Aさん1人だけが勝つ確率

(3) Aさんが勝つ確率

5 **4本の中に2本の当たりが入ったくじを，太郎さんと花子さんがこの順に1本ずつ引く。ただし，引いたくじはもとにもどさないこととする。このとき，次の確率を求めなさい。** （各6点×2）

(1) 太郎さんが当たる確率

(2) 少なくとも1人が当たる確率

解答 別冊P58

30 標本調査

1	点／24点	2	点／25点	3	点／18点
4	点／12点	5	点／21点		

点／100点

1 次の調査は，全数調査と標本調査のどちらが適当であるか答えなさい。（各6点×4）

(1) あるクラス40人の通学距離の調査　(2) 日本の中学生の身長の調査

(3) ある会社で作られる電球の寿命の調査　(4) あるバス停の1日の乗降客数の調査

2 ある中学校の3年生100人のテストの成績を調べるために，標本調査を行う。次の(1)～(5)について，標本の選び方として適切な方法には○を，そうでないものには×を答えなさい。（各5点×5）

(1) 前回のテストの成績上位者20人を選ぶ。　(2) くじ引きで20人を選ぶ。

(3) ある1クラスから20人を選ぶ。　(4) 協力を呼びかけ，先着20人を選ぶ。

(5) 全員に番号をつけ，乱数さいを投げて20人を選ぶ。

3 ある中学校の1年生は男子74人，女子84人，2年生は男子83人，女子75人，3年生は男子77人，女子82人である。次の調査における，①母集団の大きさと②標本の大きさをそれぞれ求めなさい。（各完答6点×3）

(1) 1年生の女子全員から15人を選び，好きな芸能人を調査する。

(2) 2年生全員から半数を選び，好きな教科を調査する。

(3) この中学校の男子全員から$\frac{1}{6}$を選び，好きなスポーツを調査する。

4 次の問いに答えなさい。 (各6点×2)

(1) ある学校の生徒が，1人あたり1年間に何回図書室を利用しているかを調べるため，6人を無作為に抽出したところ，結果は次の通りであった。

11回，7回，10回，12回，5回，9回

このとき，標本平均を求めなさい。

(2) 120個のみかんの重さの合計を調べるため，箱の中から8個のみかんを無作為に抽出して重さを測ったところ，結果は次の通りであった。

67g，72g，80g，64g，69g，68g，74g，66g

このとき，120個のみかんの重さの合計は約何gか推定しなさい。

5 次の問いに答えなさい。 (各7点×3)

(1) ある池の中にいるコイを50匹捕まえて，その全部に印をつけて池にもどした。後日，改めてコイを50匹捕まえたところ，その中に印のついたコイが10匹いた。このとき，池の中には約何匹のコイがいるか推定しなさい。

(2) 箱の中に白玉だけが入っている。黒玉30個をその箱の中に追加し，よくかき混ぜてから50個の玉を無作為に抽出したところ，黒玉は2個ふくまれていた。このとき，黒玉を追加する前の箱の中には，約何個の白玉が入っていたか推定しなさい。

(3) 袋の中に当たりくじとはずれくじが合計1000本入っている。袋の中のくじをよくかき混ぜてから60本のくじを引き，その中の当たりくじの本数を数えてからもとにもどすことを4回くり返したところ，当たりくじの本数は次のようになった。

1本，2本，0本，3本

このとき，袋の中の当たりくじの本数は約何本か推定しなさい。

解答 別冊P60

初版
第１刷　2023年５月１日　発行

●編 者
数研出版編集部
●カバー･表紙デザイン
bookwall

発行者　星野 泰也
ISBN978-4-410-15382-2

高校入試 苦手がわかる対策ノート 数学

発行所　**数研出版株式会社**

〒101-0052 東京都千代田区神田小川町２丁目３番地３
〔振替〕00140-4-118431
〒604-0861 京都市中京区烏丸通竹屋町上る大倉町205番地
〔電話〕代表（075）231-0161
ホームページ　https://www.chart.co.jp
印刷　創栄図書印刷株式会社
乱丁本・落丁本はお取り替えいたします　230301

高校入試

苦手がわかる対策ノート

数学

数研出版編集部 編

解答編

数研出版
https://www.chart.co.jp

もくじ（解答）

1 正の数と負の数

本冊 P4，5

答え

1 (1) ア，ウ　(2) イ，ウ，エ　(3) オ→キ→イ→ウ→エ→カ→ア
(4) オ→ア→キ→カ→エ→イ→ウ　(5) 5

2 (1) 2　(2) $\frac{2}{5}$　(3) 70　(4) $-\frac{1}{39}$　(5) -20　(6) 5000

3 (1)① $2^2\times7$　② $2^2\times3\times7$　③ 3×7^2　④ 5^4
(2) 55

4 (1) 19.9g　(2) 298.6g

5 (1) ×　(2) ○

解説

1

数直線に表すと次のようになる。

−2　−1　0　+1　+2　+3
ア　カ　エ　ウ　イ　キ　オ

2

(2) $\frac{3}{4}\times\left(-\frac{2}{9}\right)\div\left(-\frac{5}{12}\right)$

$=\frac{3}{4}\times\left(-\frac{2}{9}\right)\times\left(-\frac{12}{5}\right)$

$=\frac{3\times(-2)\times(-12)}{4\times9\times5}=\frac{2}{5}$

(3) $7\times8-(-52)\div4+1$
$=56-(-13)+1=70$

(4) $-\frac{6}{13}\div\left(-\frac{3}{2}\right)^2\times\frac{1}{8}$

$=-\frac{6}{13}\div\frac{9}{4}\times\frac{1}{8}=-\frac{6\times4\times1}{13\times9\times8}=-\frac{1}{39}$

(5) $-4^2+\{(5-9)+(-4)^2\}\div(-3)$
$=-16+\{(-4)+16\}\div(-3)$
$=-16+12\div(-3)=-16-4=-20$

(6) $158\times25+\{23-(-19)\}\times5^2$
$=158\times25+42\times25$
$=(158+42)\times25=200\times25=5000$

3

(1)① 2)28
2)14　$2\times2\times7=2^2\times7$
7

(2) $220=2^2\times5\times11$
よって，$55=5\times11$ をかければ，
$2^2\times5\times11\times5\times11=(2\times5\times11)^2$
となる。

4

(1) もっとも重いりんごはC，もっとも軽いりんごはBである。

(2) りんごAの重さとの違いの平均は，
$\frac{0+(-9.6)+(+10.3)+(+6.8)+(-1.4)+(+2.9)}{6}$
$=1.5(\text{g})$
6個のりんごの重さの平均が301.5gであるから，りんごAの重さは，
$301.5-1.5=300(\text{g})$
よって，りんごEの重さは，
$300-1.4=298.6(\text{g})$

5

(1) ひかれる数よりひく数の方が大きければ，答えは負の数になる。

学習のアドバイス　得点が低かったところを読もう！

1 正の数，負の数，自然数，絶対値の定義を確認しましょう。0は正の数でも負の数でもないので注意が必要です。また，いくつかの数の大きさを比べるときは，数直線に表して整理するとわかりやすくなります。

2 四則計算は，累乗・かっこの中→乗法・除法→加法・減法の順に計算します。特に，式の中のかっこの数が増えてくると，計算順序を間違えたり，符号を逆にしたりしやすくなります。ミスをしないように，落ち着いて計算することが大事です。

3 素数とは，約数が1とその数自身のみである自然数のことで，2，3，5，7，…と続きます。素因数分解するときは，小さい素数から順に計算するようにしましょう。また，素因数分解したとき，累乗の指数がすべて偶数になれば，その数は自然数の平方(2乗)の形で表すことができます。

4 基準の値を決めて考える平均を，仮平均といいます。仮平均の考え方を使うと，平均を求める計算が簡単になって便利です。その際は，どの値を基準に仮平均を考えているのかを意識しましょう。

5 たとえ自然数どうしや整数どうしの計算であっても，その答えも必ず自然数や整数になるとは限りません。

覚えておきたい知識

【正の数と負の数】
- 自然数…正の整数。
- 絶対値…数直線上で，原点からある数を表す点までの距離。
- 0は正の整数でも負の整数でもない。

【四則計算】
- ①累乗・かっこの中→②乗法・除法→③加法・減法の順に計算する。
- 累乗…$\square\times\square=\square^2$，$(-\square)\times(-\square)=\square^2$，$-\square\times\square=-\square^2$
- 分配法則…$\bigcirc\times\square+\triangle\times\square=(\bigcirc+\triangle)\times\square$

【仮平均を使った考え方】
- (平均)＝(基準の値)＋(基準との違いの平均)

2 式の計算①

本冊 P6，7

答え

1 (1) $(1000-3p)$円　(2) $(1.1q+10)$人　(3) $(1000x-60y)$m

(4) $\dfrac{2S}{h}$cm　(5) $99a-99c$

2 (1) $\dfrac{8}{5}$　(2) -4　(3) 37　(4) 3　(5) 19　(6) $-\dfrac{1}{29}$

3 (1) $12a-8$　(2) $4a+3$　(3) $13b+14$　(4) $-6b+9$

(5) $\dfrac{23x-17}{12}$　(6) $\dfrac{x-1}{2}$　(7) $\dfrac{11y-11}{2}$　(8) 0

4 (1) $3x+2y=46$　(2) $100a-4b<5$

5 $(9n+1)$cm

解説

1

(4) (底辺)×(高さ)÷2＝(面積)　より，

(底辺)＝$\dfrac{(面積)\times 2}{(高さ)}$ であるから，$\dfrac{2S}{h}$cm

(5) $(100a+10b+c)-(100c+10b+a)$

$=99a-99c$

2

(3) $3a^2-3a+1=3\times(-3)^2-3\times(-3)+1$

$=27+9+1=37$

(5) $4y-x^2+8$

$=4\times3-(-1)^2+8=12-1+8=19$

(6) $-\dfrac{1}{p^2+q^2}=-\dfrac{1}{2^2+(-5)^2}=-\dfrac{1}{4+25}=-\dfrac{1}{29}$

3

(5) $\dfrac{7x+5}{6}-\dfrac{-3x+9}{4}=\dfrac{(7x+5)\times2-(-3x+9)\times3}{12}$

$=\dfrac{(14x+10)-(-9x+27)}{12}$

$=\dfrac{14x+10+9x-27}{12}=\dfrac{23x-17}{12}$

(6) $(0.3x+0.7)-\dfrac{-x+6}{5}=\dfrac{3x+7}{10}-\dfrac{-x+6}{5}$

$=\dfrac{(3x+7)-(-x+6)\times2}{10}=\dfrac{(3x+7)-(-2x+12)}{10}$

$=\dfrac{3x+7+2x-12}{10}=\dfrac{5x-5}{10}=\dfrac{x-1}{2}$

(8) $12\left(\dfrac{8y+5}{3}+\dfrac{-y+3}{4}\right)-29(y+1)$

$=12\times\dfrac{(8y+5)\times4+(-y+3)\times3}{12}-(29y+29)$

$=(32y+20)+(-3y+9)-29y-29=0$

4

(1) $300\times\dfrac{x}{100}+200\times\dfrac{y}{100}=46$　より，

$3x+2y=46$

(2) 単位をcmにそろえると，amは$100a$cmであるから，$100a-4b<5$

5

リボンをn本つなげると，のりしろは$(n-1)$か所できるから，

$10\times n-1\times(n-1)=9n+1$(cm)

得点が低かったところを読もう！

1 文字式の表し方にしたがって式を立てます。複雑なときは，図をかいて状況を整理するとよいでしょう。また，単位をそろえる必要がある場合や，百分率や歩合などの割合が出てくる場合に注意しましょう。

2 式の値を求めるには，式の中の文字に指定された数を代入して計算します。負の数を代入する際には，かっこをつけて代入することを忘れないようにしましょう。また，累乗の計算がある場合は，計算過程でミスが起こりやすいので慎重に計算しましょう。

3 式の計算では，符号のミスが非常に起こりやすいので，手順通りに丁寧に計算することが大切です。まずは分配法則を使って計算し，かっこがない形にします。その後，同じ文字の項どうし，数の項どうしを整理して，それぞれ1つにまとめます。除法が出てきたら，逆数をかける乗法になおして計算しましょう。

4 等しい数量，もしくは数量の大小関係を問題文から読み取る必要があります。「(もとのひもの長さ)－(切り取ったひもの長さの合計)<5」のようにことばで式に表したり，図をかいたりして，状況を正しく整理したうえで式を立てましょう。

5 いきなり式で表すことが難しい問題は，リボンが2本の場合，3本の場合，…のように，簡単な例をいくつか考えて実際に図をかいてみることで，規則性が見つけやすくなります。

覚えておきたい知識

【文字式の表し方】

・記号「×」は省いて書く。　・文字と数の積では，数を文字の前に書く。
・同じ文字の積では，指数を使って書く。　・記号「÷」は使わず，分数で書く。

【式の値】

・代入…式の中の文字を数におきかえること。負の数はかっこをつけて代入する。

【1次式の計算】

・加法…かっこをはずし，文字の項どうし，数の項どうしをそれぞれ計算する。
・減法…ひく式の各項の符号を変えてたす。
・乗法…分配法則を使って計算する。
・除法…逆数をかける乗法になおす。

3 式の計算②

本冊 P8，9

答え

1 (1) ア，ウ，オ　(2) ア　(3) イとカ

2 (1) $4a+5b$　(2) $6a^2+2a-10$　(3) $-4x^2-10x+13$　(4) $\frac{11x+y}{12}$

(5) $\frac{3}{2}x^3y^4$　(6) $-\frac{1}{54}y$　(7) $-6x^3y$　(8) $5xy^4$

3 (1) 16　(2) 2　(3) 1

4 (1) $b=\frac{4a-15}{5}$　(2) $x=\frac{-2y-9}{3}$　(3) $p=\frac{7q+1}{8}$　(4) $h=\frac{3V}{\pi r^2}$

5 解説参照

解説

1

単項式はア，ウ，オ，多項式はイ，エ，カ。次数は，アが4，イが3，ウが0(定数項)，エが2，オが1，カが3。

2

(3) $3(2x^2-8x+3)-2(5x^2-7x-2)$

$=(6x^2-24x+9)-(10x^2-14x-4)$

$=-4x^2-10x+13$

(4) $\frac{2x+y}{3}+\frac{x-y}{4}$

$=\frac{(2x+y)\times 4+(x-y)\times 3}{12}$

$=\frac{8x+4y+3x-3y}{12}=\frac{11x+y}{12}$

(6) $\left(\frac{1}{3}xy\right)^2\div(-6x^2y)=\frac{1}{9}x^2y^2\times\left(-\frac{1}{6x^2y}\right)$

$=-\frac{x^2y^2}{9\times 6x^2y}=-\frac{1}{54}y$

(7) $6x^3y^2\times(3y)^2\div(-9y^3)$

$=-\frac{6x^3y^2\times 9y^2}{9y^3}=-6x^3y$

3

(3) $6x^2y^2\times(-2y)^3\div 4xy^4$

$=\frac{6x^2y^2\times(-8y^3)}{4xy^4}=-12xy$

$x=\frac{1}{3}$，$y=-\frac{1}{4}$ を代入すると，

$-12\times\frac{1}{3}\times\left(-\frac{1}{4}\right)=1$

4

(4) 両辺を入れかえると　$\frac{1}{3}\pi r^2h=V$

両辺に3をかけると　$\pi r^2h=3V$

両辺をπr^2でわると　$h=\frac{3V}{\pi r^2}$

5

m，nを0以上の整数とすると，
6でわった余りが4になる自然数は$6m+4$，
9でわった余りが5になる自然数は$9n+5$
と表せる。これらの和は

$(6m+4)+(9n+5)=6m+9n+9$

$=3(2m+3n+3)$

$2m+3n+3$は整数であるから，
$3(2m+3n+3)$は3の倍数になる。

学習のアドバイス　得点が低かったところを読もう！

1 単項式，多項式，次数の定義を確認しましょう。単項式では，かけ合わされている文字の個数をその単項式の次数といいます。多項式では，各項の次数のうちもっとも大きいものをその多項式の次数といいます。また，定数項の次数は0になります。

2 多項式の計算では，かっこをはずすときや同類項をまとめるときに符号のミスが起こりやすいので注意しましょう。単項式どうしの乗法・除法は，まずは全体を分数の形に表してから約分することで，次数の計算ミスが起こりにくくなります。

3 式の値を求めるときは，いきなり数を代入するのではなく，まずは式を整理して簡単にしてから代入することを心がけましょう。一見複雑に見える式でも，整理すると非常にシンプルな形になることも多いです。

4 式をある文字について解くときは，等式の性質を使って，方程式を解くときと同じ要領で式を変形します。指定された文字をふくむ項を左辺に，それ以外の項を右辺に移項してから式を整理するようにすると，わかりやすくなります。

5 整数や図形の性質を説明するときには，文字を使うことが多いです。問題文に文字についての指示がない場合は，自分で文字を設定する必要があります。その際は，何をどのように文字で表すと説明しやすくなるかを考えるようにしましょう。

覚えておきたい知識

【単項式と多項式】

・単項式…数や文字をかけ合わせただけの式。x，$-3y$，$2x^2y$　など。
・多項式…単項式の和の形で表される式。$x+y$，$-2x+5y^2$　など。

【単項式・多項式の計算】

・同類項…1つの多項式において，文字の部分が同じである項。
・多項式の加法，減法…同類項をまとめる。
・多項式と数の乗法，除法…乗法は分配法則を使う。除法は乗法になおす。
・単項式の乗法，除法…乗法は係数の積に文字の積をかける。除法は乗法になおす。

【等式の変形】

・xについて解く…式を変形して，「$x=\cdots$」の形にすること。

4 式の計算③

本冊 P10, 11

答え

1 (1) $6a^3b^2-12ab^3-9ab^2$　(2) $-4ab^3+3a^2b$

(3) $3a^4-a^3b-2a^2b^2+15a^2b-5ab^2-10b^3$　(4) $2x^4+9x^3-16x^2+27x-4$

2 (1) $x^2-4x-45$　(2) $4x^2+6x+\dfrac{9}{4}$　(3) $\dfrac{x^2}{4}-\dfrac{xy}{3}+\dfrac{y^2}{9}$　(4) $64x^2-9y^2$

(5) $x^2-2xy+y^2+8x-8y+7$　(6) $x^2+y^2+z^2+2xy-2yz-2zx$

(7) -2　(8) $3x$

3 (1) $4ab(4a^2+5b^2)$　(2) $(x+7y)(x-8y)$　(3) $(2x+5)^2$

(4) $(3x-7y)^2$　(5) $\left(\dfrac{3}{4}x+\dfrac{2}{5}y\right)\left(\dfrac{3}{4}x-\dfrac{2}{5}y\right)$　(6) $-2x(x+4)(x-6)$

(7) $(x+2y+3)(x+2y-8)$　(8) $(x+2)(x-2)(-3y+1)$

4 (1) 1　(2) 20000

5 解説参照

解説

1

(4) $(2x^2-3x+4)(x^2+6x-1)$

$=2x^4+12x^3-2x^2-3x^3-18x^2+3x$
$+4x^2+24x-4$

$=2x^4+9x^3-16x^2+27x-4$

2

(5) $x-y=M$ とおくと，

$(x-y+1)(x-y+7)=(M+1)(M+7)$

$=M^2+8M+7=(x-y)^2+8(x-y)+7$

$=x^2-2xy+y^2+8x-8y+7$

(6) $x+y=M$ とおくと，

$(x+y-z)^2=(M-z)^2$

$=M^2-2Mz+z^2=(x+y)^2-2(x+y)z+z^2$

$=x^2+y^2+z^2+2xy-2yz-2zx$

(7) $(x+1)(x+4)-(x+2)(x+3)$

$=(x^2+5x+4)-(x^2+5x+6)=-2$

3

(6) $-2x^3+4x^2+48x$

$=-2x(x^2-2x-24)=-2x(x+4)(x-6)$

(7) $x+2y=M$ とおくと，

$(x+2y)^2-5x-10y-24$

$=(x+2y)^2-5(x+2y)-24$

$=M^2-5M-24=(M+3)(M-8)$

$=(x+2y+3)(x+2y-8)$

(8) $-3x^2y+x^2+12y-4$

$=x^2(-3y+1)-4(-3y+1)$

$=(x^2-4)(-3y+1)$

$=(x+2)(x-2)(-3y+1)$

4

(2) $149\times151-49\times51$

$=(100+49)(100+51)-49\times51$

$=100^2+(49+51)\times100=20000$

5

n を整数とすると，連続する 2 つの奇数は $2n-1$，$2n+1$ と表せる。よって，

$(2n-1)(2n+1)+1=(4n^2-1)+1$

$=4n^2=(2n)^2$

したがって，整数 $2n$ の平方となる。

学習のアドバイス ……得点が低かったところを読もう！……

1 多項式どうしの乗法でも，中2までに習った計算方法と同様に，分配法則を使って計算します。かっこをはずすときの計算でミスをしないようにするだけでなく，かっこをはずしたあとに同類項をまとめることも忘れないようにしましょう。

2 展開の公式にあてはめます。各多項式の項が3つ以上ある場合は，共通部分を1つの文字でおきかえることで，公式にあてはめられることがあります。複雑な式の場合も，展開して整理するときれいな形になることも多いです。

3 因数分解の公式にあてはめます。因数分解は，まずは共通因数をくくり出すことから始めましょう。一見うまく因数分解できない場合は，共通部分を1つの文字でおきかえたり，いくつかの項をグループにまとめて部分的に因数分解したりすることで，公式にあてはまるように式を変形できることがあります。

4 大きな数の計算では，展開・因数分解の公式を利用することで，計算が簡単になる場合が多いです。いきなり計算を始めずに，できる限りらくな方法がないかを，まずは考えてみましょう。

5 整数の性質を証明する問題では，共通因数のくくり出しや，展開・因数分解の公式を使うことが多いです。

覚えておきたい知識

【単項式・多項式の計算】

・単項式と多項式の乗法，除法…乗法は分配法則を使う。除法は乗法になおす。
・多項式の乗法…分配法則を使って，(単項式)×(多項式)の和の形にする。
・式を展開する…積の形で書かれた式を計算して，単項式の和の形に表すこと。
・因数…1つの式が積の形で表されるとき，その積をつくっている1つ1つの式のこと。
・式を因数分解する…多項式をいくつかの因数の積の形に表すこと。

【展開の公式】

・$(x+a)(x+b)=x^2+(a+b)x+ab$
・$(x+a)^2=x^2+2ax+a^2$
・$(x-a)^2=x^2-2ax+a^2$
・$(x+a)(x-a)=x^2-a^2$

【因数分解の公式】

・$x^2+(a+b)x+ab=(x+a)(x+b)$
・$x^2+2ax+a^2=(x+a)^2$
・$x^2-2ax+a^2=(x-a)^2$
・$x^2-a^2=(x+a)(x-a)$

式の展開と因数分解は，互いに逆の計算になっている。

5 平方根

本冊 P12，13

答え

1 (1) ア，イ，エ，カ　(2) イ→カ→オ→キ→エ→ウ→ア

2 (1) $\dfrac{19}{33}$　(2) $\dfrac{134}{165}$

3 (1) 6　(2) $\dfrac{4\sqrt{6}}{3}$　(3) $3\sqrt{7}+9-2\sqrt{21}$　(4) $-\dfrac{\sqrt{7}}{3}+\dfrac{\sqrt{2}}{8}$

(5) $18+5\sqrt{14}$　(6) 2　(7) $-9+7\sqrt{5}$　(8) $12+6\sqrt{2}$

4 (1) $2\sqrt{11}$　(2) 4　(3) 36

5 (1) 6個　(2) 2

6 (1) $26.395 \leqq a < 26.405$　(2) 3.88×10^6

解説

1

エ：$\dfrac{1}{\sqrt{2}}=\dfrac{\sqrt{2}}{\sqrt{2}\times\sqrt{2}}=\dfrac{\sqrt{2}}{2}$

オ：$\dfrac{\sqrt{20}}{\sqrt{5}}=\sqrt{4}=2$　カ：$\sqrt{\dfrac{18}{3}}=\sqrt{6}$

2

(2) $x=0.8\dot{1}\dot{2}$ とすると，

$10x=8.\dot{1}\dot{2}$　…①，$1000x=812.\dot{1}\dot{2}$　…②

②−①から　$990x=804$　$x=\dfrac{804}{990}=\dfrac{134}{165}$

3

(4) $(8\sqrt{21}-\sqrt{54})\div(-2\sqrt{3})^3$

$=(8\sqrt{21}-3\sqrt{6})\div(-24\sqrt{3})$

$=-\dfrac{8\sqrt{21}}{24\sqrt{3}}+\dfrac{3\sqrt{6}}{24\sqrt{3}}=-\dfrac{\sqrt{7}}{3}+\dfrac{\sqrt{2}}{8}$

(7) $\dfrac{15}{\sqrt{5}}-(2-\sqrt{5})^2$

$=\dfrac{15\sqrt{5}}{5}-(4-4\sqrt{5}+5)$

$=3\sqrt{5}-(9-4\sqrt{5})=-9+7\sqrt{5}$

4

(3) $x^2+y^2=(x+y)^2-2xy$

$=(2\sqrt{11})^2-2\times4=44-8=36$

5

(1) $288-9n=9(32-n)=3^2(32-n)$

よって，$\sqrt{288-9n}$ が整数となるのは，k を 0 以上の整数として，$32-n=k^2$ と表せるときである。

$k=0$ のとき $n=32$，$k=1$ のとき $n=31$，
$k=2$ のとき $n=28$，$k=3$ のとき $n=23$，
$k=4$ のとき $n=16$，$k=5$ のとき $n=7$
k が 6 以上のとき，n は負の数となる。
よって，求める自然数 n の個数は 6 個。

(2) $1<\sqrt{3}<2$ より，$3<2+\sqrt{3}<4$
よって，$2+\sqrt{3}$ の整数部分は 3 であるから，

$x=(2+\sqrt{3})-3=\sqrt{3}-1$

$x(x+2)=(\sqrt{3}-1)(\sqrt{3}+1)=2$

6

(2) $3876000=3.876\times10^6$
有効数字が 3 けたなので，四捨五入して，3.88×10^6

学習のアドバイス ……得点が低かったところを読もう！……

1 有理数，無理数の定義を確認しましょう。π は無理数です。また，$\sqrt{2}=1.414\cdots$，$\sqrt{3}=1.732\cdots$，$\sqrt{5}=2.236\cdots$，などの平方根の近似値は覚えておくと便利です。

2 循環小数を分数で表すときは，その循環小数を x とおき，循環する部分のけた数に応じて，$10x$，$100x$ などを考えましょう。循環する部分を消去することができます。

3 根号をふくむ式の計算では，根号の中の数をできるだけ小さい自然数にすることが大事です。分母に根号がある数は有理化して，分母に根号をふくまない形にして計算しましょう。また，展開の公式も，計算過程でよく使います。

4 根号がある数を式に代入するときは，先に式を簡単にしましょう。また，それまでに求めた結果が使えるように式を変形すると，計算がらくになる場合が多いです。

5 「$\sqrt{\bigcirc}$ が整数ならば，○は整数を 2 乗した数」や，「(小数部分)＝(もとの数)－(整数部分)」などの考え方は，$\sqrt{\quad}$ と整数が絡んだ問題でよく使うので，知っておきましょう。

6 真の値の範囲は，数直線に表すとわかりやすいです。また，有効数字の問題は，考えるけた数に応じて四捨五入が必要になる場合があるので，注意が必要です。

覚えておきたい知識

【有理数と無理数】

m は整数，n は 0 でない整数とする。

・有理数…分数 $\dfrac{m}{n}$ の形で表せる数。　・無理数…分数 $\dfrac{m}{n}$ の形で表せない数。

【根号をふくむ式の計算】

a，b は正の数とする。

・$\sqrt{a}\times\sqrt{b}=\sqrt{ab}$　・$\sqrt{a}\div\sqrt{b}=\sqrt{\dfrac{a}{b}}$　・$\sqrt{a^2\times b}=a\sqrt{b}$

・$\dfrac{1}{\sqrt{a}}=\dfrac{\sqrt{a}}{\sqrt{a}\times\sqrt{a}}=\dfrac{\sqrt{a}}{a}$ (分母の有理化)　・$m\sqrt{a}\pm n\sqrt{a}=(m\pm n)\sqrt{a}$

【近似値と有効数字】

・(誤差)＝(近似値)－(真の値)

・有効数字…近似値を表す数のうち，信頼できる数字。

6 1次方程式

本冊 P14, 15

答え

1 (1) $x=7$　(2) $x=-8$　(3) $x=21$　(4) $x=-2$　(5) $x=-5$

(6) $x=-\dfrac{5}{2}$　(7) $x=2$　(8) $x=7$　(9) $x=-12$　(10) $x=-15$

2 (1) $x=\dfrac{8}{3}$　(2) $x=6$　(3) $x=2$　(4) $x=3$

3 $a=-1$

4 (1) 41人　(2) 135個

5 (1) 8分後　(2) 56分後

解説

1

(4) $2(x+1)+3(2x+1)=-11$

$2x+2+6x+3=-11$

$8x+5=-11$　$8x=-16$　$x=-2$

(7) $0.06x+0.09=0.2x-0.19$

$6x+9=20x-19$

$-14x=-28$　$x=2$

(9) $\dfrac{2x+7}{6}-\dfrac{x-6}{8}=\dfrac{2x+17}{12}$

$\dfrac{4(2x+7)-3(x-6)}{24}=\dfrac{2(2x+17)}{24}$

$8x+28-3x+18=4x+34$

$5x+46=4x+34$　$x=-12$

2

(3) $a:b=c:d$のとき，$ad=bc$より，

$2(x-1)\times27=3\times3(x+4)$

$54(x-1)=9(x+4)$

$6(x-1)=x+4$

$6x-6=x+4$　$5x=10$　$x=2$

(4) $a:b=c:d$のとき，$ad=bc$より，

$(6-x)\times14=(3x+5)\times3$

$84-14x=9x+15$

$-23x=-69$　$x=3$

3

$x=1$を代入すると，

$\dfrac{a-3}{4}+5=2(1-a)$

$(a-3)+20=8(1-a)$

$a+17=8-8a$　$9a=-9$　$a=-1$

4

(1) クラスの生徒の人数をx人とすると，

$3x+12=4x-29$　$x=41$

これは問題に適している。

(2) クラスの生徒の人数が41人なので，

消しゴムの個数は，

$3\times41+12=135$(個)

これは問題に適している。

5

(1) x分後に2人が初めて出会うとすると，

$80x+60x=1120$　$x=8$

これは問題に適している。

(2) y分後に兄が弟をちょうど1周追い抜くとすると，

$80y-60y=1120$　$y=56$

これは問題に適している。

学習のアドバイス　得点が低かったところを読もう！

1 xについての1次方程式を解くときは，等式の性質を使って「$x=\cdots$」の形に整理していきます。かっこがある場合は，分配法則を使ってかっこをはずしましょう。係数に小数や分数がある場合は，両辺を何倍かして係数を整数にすることで，計算ミスを減らすことができます。

2 比例式$a:b=c:d$が出てきたら，「(内項の積)＝(外項の積)」すなわち$ad=bc$の関係を使って方程式をつくるのが鉄則です。計算する際は，かけ合わせる部分を間違えないように，内項どうし，外項どうしを線で結ぶようにするとよいでしょう。

3 方程式をxについて解いて考えることもできますが，計算量が増えてしまいます。xについての方程式の解が与えられている場合は，まずはその解を方程式に代入してみましょう。xを消去することができます。

4 過不足に関する問題は，1次方程式の文章題で頻出です。問題文の条件から，文字を使って1つの数量を2通りに表すことを考えます。

5 文章題では，最終的に求まった解が問題に適しているかを確認することが必要です。忘れてしまいがちなので，十分注意しましょう。

覚えておきたい知識

【1次方程式】

・xについての1次方程式…移項して整理すると，$ax+b=0$（a，bは定数で，$a\fallingdotseq 0$）の形になる方程式。

【等式の性質】

・$A=B$　ならば　$A+C=B+C$　　・$A=B$　ならば　$A-C=B-C$

・$A=B$　ならば　$AC=BC$　　・$A=B$　ならば　$\frac{A}{C}=\frac{B}{C}$（ただし，$C\fallingdotseq 0$）

【比例式】

・比例式…$a:b=c:d$の形の等式。a，dを外項，b，cを内項という。
・比例式の性質…$a:b=c:d$のとき，$ad=bc$

7 連立方程式

本冊 P16，17

答え

1 (1) $x=3,\ y=-4$　(2) $x=-2,\ y=4$　(3) $x=-6,\ y=-3$

(4) $x=5,\ y=-8$　(5) $x=10,\ y=2$　(6) $x=-9,\ y=1$

(7) $x=-1,\ y=-7$　(8) $x=3,\ y=12$

2 (1) $x=-2,\ y=6$　(2) $x=4,\ y=-8$

3 (1) $a=3,\ b=4$　(2) $a=5,\ b=-3$

4 食塩水A　13%　　食塩水B　10%

5 男子　20人　　女子　15人

解説

1

(6) $\begin{cases} 3(x+2y)-2(x+y)=-5 & \cdots① \\ 2x+y-4(x+3y)=7 & \cdots② \end{cases}$

①を整理すると，$x+4y=-5$　…③

②を整理すると，$-2x-11y=7$　…④

③×2+④より，$-3y=-3$　　$y=1$

③に代入して，$x+4=-5$　　$x=-9$

(7) $\begin{cases} -0.6x+0.1y=-0.1 & \cdots① \\ 0.08x-0.03y=0.13 & \cdots② \end{cases}$

①×10 より，$-6x+y=-1$　…③

②×100 より，$8x-3y=13$　…④

③×3+④より，$-10x=10$　　$x=-1$

③に代入して，$6+y=-1$　　$y=-7$

(8) $\begin{cases} 3x-y=-3 & \cdots① \\ \dfrac{2x}{3}+\dfrac{y-7}{5}=3 & \cdots② \end{cases}$

②×15 より，$10x+3(y-7)=45$

すなわち，$10x+3y=66$　…③

①×3+③より，$19x=57$　　$x=3$

①に代入して，$9-y=-3$　　$y=12$

2

(1) 次の連立方程式を解けばよい。

$\begin{cases} 2x+y=2 & \cdots① \\ -7x-2y=2 & \cdots② \end{cases}$

①×2+②より，$-3x=6$　　$x=-2$

①に代入して，$-4+y=2$　　$y=6$

3

(2) $x=2,\ y=-1$ を連立方程式に代入すると，$\begin{cases} 4a+5b=5 \\ 6b+4a=2 \end{cases}$

これを解くと，$a=5,\ b=-3$

4

食塩水Aの濃度をx%，食塩水Bの濃度をy%とし，食塩の量に注目すると，

$\begin{cases} 200\times\dfrac{x}{100}+400\times\dfrac{y}{100}=(200+400)\times\dfrac{11}{100} & \cdots① \\ 500\times\dfrac{x}{100}+100\times\dfrac{y}{100}=(500+100)\times\dfrac{12.5}{100} & \cdots② \end{cases}$

①を整理すると，$x+2y=33$　…③

②を整理すると，$5x+y=75$　…④

③，④を解くと，$x=13,\ y=10$

これらは問題に適している。

5

昨年の男子をx人，女子をy人とすると，

$\begin{cases} x+y=35 & \cdots① \\ (1+0.2)x+(1-0.2)y=35+1 & \cdots② \end{cases}$

②を整理すると，$3x+2y=90$　…③

①，③を解くと，$x=20,\ y=15$

これらは問題に適している。

学習のアドバイス　得点が低かったところを読もう！

1 連立方程式の解法は，加減法と代入法の２通りがあります。係数をみて，計算しやすい方を選びましょう。小数や分数がある連立方程式は，両辺を何倍かして，係数を整数にすると，考えやすくなります。

2 $A=B=C$ の形をした方程式は，$\begin{cases} A=B \\ B=C \end{cases}$，$\begin{cases} A=B \\ A=C \end{cases}$，$\begin{cases} A=C \\ B=C \end{cases}$ のどれかの形になおせば，あとは普通の連立方程式と同じように解くことができます。

3 x，y についての連立方程式の解が与えられている場合は，１次方程式の場合と同様に，まずはその解を連立方程式に代入しましょう。すると，x，y が消去できて，係数についての連立方程式になります。

4 食塩水の問題では，「(食塩の重さ)＝(食塩水全体の重さ)×(濃度)」の関係を使って，食塩の重さについての方程式を立てて考えることが多いです。また，食塩水どうしを混ぜる場合は，混ぜてできた食塩水全体の重さを間違えないようにしましょう。

5 文章題で割合が出てくる場合は，方程式を立てる際に，その量が割合を表しているのか，数量そのものを表しているのかに注意しましょう。

覚えておきたい知識

【連立方程式】

・２元１次方程式…$x+2y=1$ のように，２つの文字をふくむ１次方程式。
・連立方程式…方程式をいくつか組にしたもの。

【連立方程式の解き方】

・加減法…１つの文字の係数の絶対値をそろえ，両辺をたしたりひいたりすることで，１つの文字を消去して解く方法。
・代入法…代入によって１つの文字を消去して解く方法。

【割合の考え方】

・「a 割増える」→「$\times(1+0.1a)$」，「a 割減る」→「$\times(1-0.1a)$」
・「a%増える」→「$\times(1+0.01a)$」，「a%減る」→「$\times(1-0.01a)$」

8　2次方程式

本冊　P18，19

答え

1 (1)　$x=-9\pm4\sqrt{5}$　(2)　$x=3,\ 5$　(3)　$x=-6,\ 5$　(4)　$x=8$

(5)　$x=\pm7$　(6)　$x=\frac{-7\pm\sqrt{57}}{4}$　(7)　$x=\frac{1\pm\sqrt{7}}{3}$　(8)　$x=\frac{5\pm\sqrt{73}}{6}$

(9)　$x=-8,\ 3$　(10)　$x=1,\ 6$

2 (1)　$a=2,\ 4$　(2)　$a=2$ のとき，他の解 $x=2$；$a=4$ のとき，他の解 $x=8$

3 (1)　6cm　(2)　3cm

4 4時間後

5 3秒後，7秒後

解説

1

(9)　整理すると，$x^2+5x-24=0$

$(x+8)(x-3)=0$　　$x=-8,\ 3$

(10)　$(x-6)^2-(x-6)(2x-7)=0$

$(x-6)\{(x-6)-(2x-7)\}=0$

$(x-6)(-x+1)=0$　　$x=1,\ 6$

2

(2)　$a=2$ のとき，$x^2-6x+8=0$

$a=4$ のとき，$x^2-12x+32=0$

3

(2)　小さい方の正方形の1辺の長さを $x$cm とすると，大きい方の正方形の1辺の長さは，$\frac{30-4x}{4}=\frac{15}{2}-x$(cm)

$\left(\frac{15}{2}-x\right)^2-x^2=\frac{45}{4}$　　$x=3$

大きい方の正方形の1辺の長さは，

$\frac{9}{2}$cm となり，3cm より大きい。

4

2人が出発してから x 時間後にすれ違うとする。すれ違うまでに甲さんが進んだ道のりは，$3\times x=3x$(km)

乙さんは，すれ違ってから3時間後にAに到着するので，乙さんの速さは，時速 $3x\div3=x$(km)

よって，すれ違うまでに乙さんが進んだ道のりは，$x\times x=x^2$(km)

2地点A，Bの道のりは28kmだから，

$3x+x^2=28$　　$x=-7,\ 4$

$x>0$ であるから，$x=4$

5

点P，Q，Rが出発してから x 秒後は，右の図のようになる。

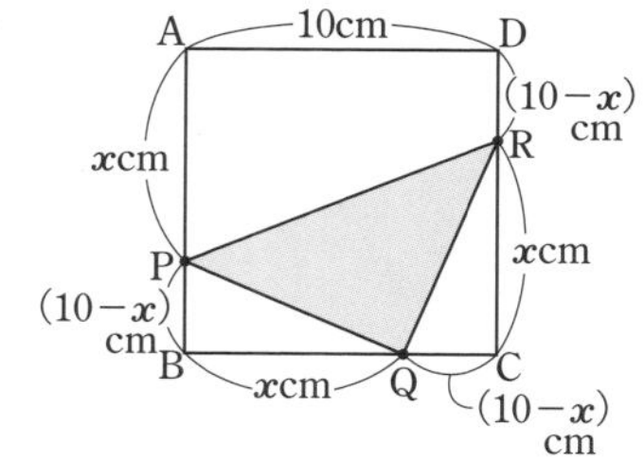

$\triangle PQR=$(台形PBCR)$-\triangle PBQ-\triangle QCR$

$=\frac{x+(10-x)}{2}\times10-\frac{1}{2}x(10-x)\times2$

$=50-(10x-x^2)=x^2-10x+50$

$\triangle PQR$ の面積が 29cm^2 になるとき，

$x^2-10x+50=29$　　$x=3,\ 7$

これらは問題に適している。

学習のアドバイス ……… 得点が低かったところを読もう！ ………

1 2次方程式を解くときは，「…＝0」の形に整理したあと，共通因数があればくくり出したうえで，因数分解できるかどうかを考えましょう。因数分解できそうにない場合は，解の公式や平方根の考え方を利用します。その際は，計算が複雑になるので注意が必要です。

2 2次方程式の解が最初から与えられている問題は，代わりに係数が不明になっている(aなどの文字が使われている)場合がほとんどです。与えられた解を代入することで，その係数についての方程式がわかります。

3 2次方程式と長方形や正方形の面積が絡んだ問題は，1つの辺の長さを文字でおき，問題文の条件から，他の辺の長さや面積をその文字で表していくことがポイントです。この問題のように，「短い方」「小さい方」といった指定がある場合は，求まった答えが適しているか，必ず確認するようにしましょう。

4 速さに関する問題は，文章題の中でも頻出です。小学校で学んだ「(距離)＝(速さ)×(時間)」の関係をもとにして考えます。状況がわかりにくい場合は，図などをかいて整理し，等しい数量を見つけるようにしましょう。

5 図形上を点が動く問題では，x秒後の点の位置を考えることで，各線分の長さをxで表すことができます。また，面積を求めるときに，底辺や高さがわからない場合は，「全体からわかる部分をひく」という考え方が有効です。

覚えておきたい知識

【2次方程式】

・xについての2次方程式…移項して整理すると，$ax^2+bx+c=0$(a，b，cは定数で，$a \neq 0$)の形になる方程式。

【2次方程式の解き方】

・因数分解を利用…方程式$(x-a)(x-b)=0$の解は　$x=a$　または　$x=b$

・平方根の考えを利用…方程式$x^2=k$の解は　$x=\pm\sqrt{k}$

方程式$(x+m)^2=k$の解は　$x=-m\pm\sqrt{k}$

・解の公式を利用…方程式$ax^2+bx+c=0$の解は　$x=\dfrac{-b\pm\sqrt{b^2-4ac}}{2a}$

(特に，$b=2b'$のとき　$x=\dfrac{-b'\pm\sqrt{b'^2-ac}}{a}$)

9 比例と反比例

本冊 P20，21

答え

1 (1) ア　(2) エ　(3) ウ，オ

2 (1)① -3　② $y=-27$　(2)① -28　② $x=-14$

3 (1)(2) 解説参照　(3) $y=-\frac{1}{2}x$　(4) $y=\frac{12}{x}$

4 (1) $a=4$，$b=12$　(2) $a=-16$，$b=-8$　(3) $a=20$

5 (1) $y=90x$，$0\leqq x\leqq 10$　(2) $y=60x$，$0\leqq x\leqq 15$
(3) 600m　(4) 7分後

解説

1

ア：$y=80x$　イ：$y=100-x$　エ：$y=\frac{30}{x}$

2

(1)① $y=ax$とおくと，$18=-6a$　$a=-3$
② $y=-3x$に$x=9$を代入して，
$y=-3\times9=-27$

3

(1)(2)

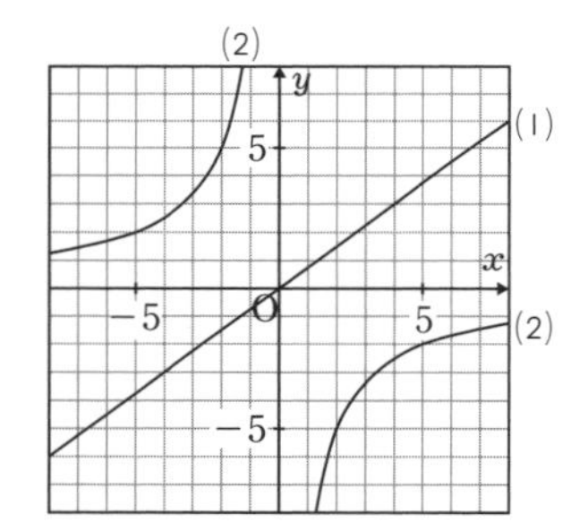

4

(1) $a>0$より，グラフは右上がりなので，$x=-1$のとき$y=-4$，$x=3$のとき$y=b$となる。$x=-1$，$y=-4$を代入して，

$-4=-a$　$a=4$

$y=4x$に$x=3$，$y=b$を代入して，$b=12$

(2) xの変域が正のときyの変域が負なので，$a<0$である。よって，
$x=2$のとき$y=b$，$x=4$のとき$y=-4$となる。$x=4$，$y=-4$を代入して，

$-4=\frac{a}{4}$　$a=-16$

$y=-\frac{16}{x}$に$x=2$，$y=b$を代入して，

$b=-8$

(3) 比例$y=2x$について，xの変域が$2\leqq x\leqq 5$のとき，yの変域は$4\leqq y\leqq 10$である。反比例$y=\frac{a}{x}$について，xの変域が正のときyの変域が正なので，$a>0$である。
よって，$x=2$のとき$y=10$，$x=5$のとき$y=4$となる。$x=5$，$y=4$を代入して，

$4=\frac{a}{5}$　$a=20$

5

(3) $y=60x$に$x=10$を代入して，
$y=600$　よって，600m。

(4) (1)(2)より，$90x-60x=210$　$x=7$
よって，7分後。

学習のアドバイス　得点が低かったところを読もう！

1 関数，比例，反比例の定義を確認しましょう。xの値を１つ決めてもyの値がただ１つに決まらないような関係は，yがxの関数であるとはいえません。

2 比例・反比例の式を求めるときは，比例ならば$y=ax$，反比例ならば$y=\frac{a}{x}$とおくことから始めましょう。わかっているx，yの値を代入することで，aについての方程式をつくることができます。

3 比例のグラフは原点を通るので，グラフをかくときは原点と原点以外の１点を直線で結びましょう。反比例のグラフは曲線になるので，グラフが通る点を具体的にいくつか求めて，なめらかな曲線で結びましょう。

4 変域を考える問題は，比例定数の値の正負に注目するのがコツです。複雑な場合はグラフをかいて，xとyの値の対応関係をわかりやすく整理しましょう。

5 兄のグラフが$x=10$，弟のグラフが$x=15$で止まっていることから，兄は家を出発してから10分後，弟は15分後に図書館に着いたことがわかります。グラフを読み取る問題では，それぞれの座標の値が何を表しているのかをよく考えることが重要です。

覚えておきたい知識

【比例と反比例】

・yがxの関数…ともなって変わる２つの量x，yがあり，xの値が１つ決まると，それに対応してyの値がただ１つに決まる関係。

・yがxに比例する…yがxの関数で，$y=ax\,(a\neq0)$の形で表される。

・yがxに反比例する…yがxの関数で，$y=\frac{a}{x}\,(a\neq0)$の形で表される。

・変域…変数のとりうる値の範囲。

【比例と反比例のグラフ】

・比例のグラフ…原点を通る直線。

・反比例のグラフ…原点について対称で，なめらかな２つの曲線。

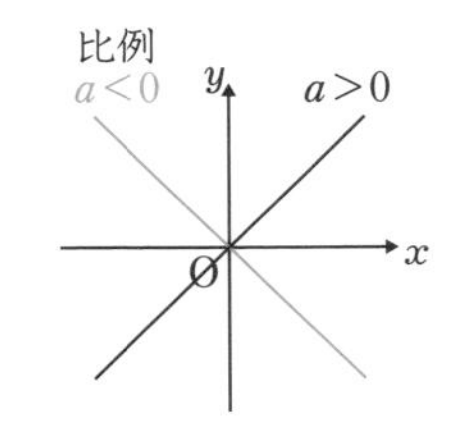

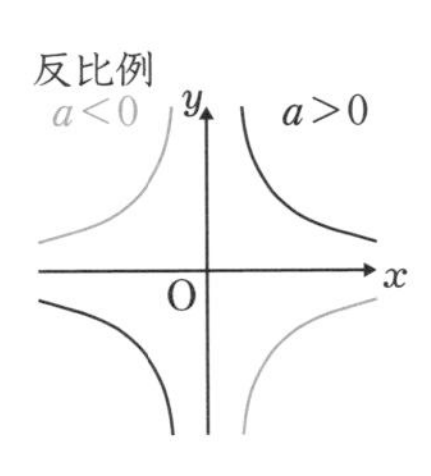

10 1次関数①

本冊 P22，23

答え

1 イ，エ

2 (1)傾き $\frac{4}{3}$　切片 -5　(2)yの増加量 1　変化の割合 $\frac{4}{3}$

(3) -5

3 解説参照

4 (1) $-1 \leqq y \leqq 3$　(2) $-3 \leqq y \leqq 3$

5 (1) $a=-6$，$b=4$　(2) $p=4$，$q=1$

6 (1) $y=-x+8$　(2) $y=\frac{7}{3}x+8$　(3) $y=\frac{2}{3}x+3$

解説

1

ア：$y=\frac{60}{x}$　イ：$y=100x+5$　ウ：$y=x^2$

エ：$y=2x$

2

(2) $x=-\frac{1}{4}$ のとき，$y=\frac{4}{3}\times\left(-\frac{1}{4}\right)-5=-\frac{16}{3}$

$x=\frac{1}{2}$ のとき，$y=\frac{4}{3}\times\frac{1}{2}-5=-\frac{13}{3}$

よって，yの増加量は，$-\frac{13}{3}-\left(-\frac{16}{3}\right)=1$

変化の割合は，$1\div\left\{\frac{1}{2}-\left(-\frac{1}{4}\right)\right\}=\frac{4}{3}$

3

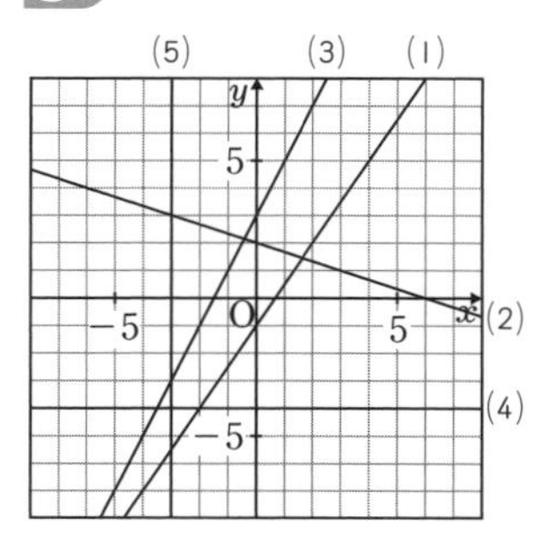

4

(1) グラフは右の図のようになる。よって，yの変域は $-1 \leqq y \leqq 3$

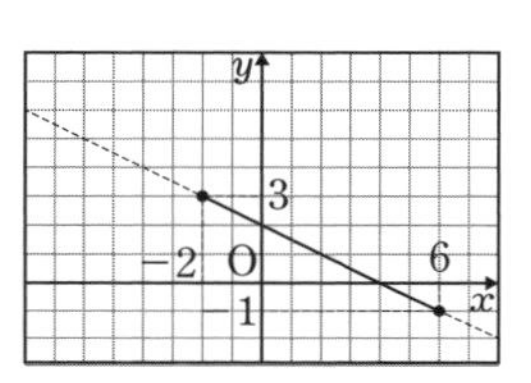

5

(1) 1次関数 $y=3x-7$ のグラフは右上がりの直線なので，$x=a$ のとき $y=-25$，$x=b$ のとき $y=5$ となる。よって，

$-25=3a-7$　$a=-6$

$5=3b-7$　$b=4$

(2) 1次関数 $y=-2x+p$ のグラフは右下がりの直線なので，$x=-2$ のとき $y=2p$，$x=q$ のとき $y=2q$ となる。よって，

$2p=-2\times(-2)+p=4+p$

$2q=-2q+p$

これを解いて，$p=4$，$q=1$

6

(2) 点$(0,\ 8)$を通るので，$y=ax+8$ と表せる。さらに，点$(-3,\ 1)$を通るので，

$1=-3a+8$　$a=\frac{7}{3}$

学習のアドバイス ……得点が低かったところを読もう！……

1 1次関数の定義を確認しましょう。また，エのように，$y=ax+b$の形において$b=0$となっている場合は比例の関係になります。比例は1次関数の特別な場合です。

2 傾き，切片，変化の割合の定義を確認しましょう。また，1次関数$y=ax+b$の変化の割合は，常にaで一定になることをおさえておきましょう。

3 1次関数$y=ax+b$のグラフをかくときは，切片と傾きに注目します。切片から点$(0,\ b)$を通ることがわかり，そこから右へ1，上へa進んだ点を通ることがわかります。分数が出てくる場合は，x座標，y座標がともに整数になる点を考えるとよいでしょう。

4 関数の変域を考える問題では，グラフをかいて考えると確実です。xがどの値のときにyがどの値になるのかが見やすくなり，間違いを防ぐことにつながります。

5 1次関数の場合，グラフは必ず右上がりか右下がりのどちらかになるので，xの変域に制限があるときのyの変域は，変域の端の点に注目するのがコツです。

6 グラフから関数の式を求める問題では，その直線が通っている点の座標を読み取りましょう。x軸やy軸と交わる点の座標に注目すると考えやすくなります。

覚えておきたい知識

【1次関数】

・yがxの1次関数…yがxの関数で，$y=ax+b\ (a\neq 0)$の形で表される関係。
　aの値を直線$y=ax+b$の傾き，bの値を直線$y=ax+b$の切片という。

・変化の割合…$(\text{変化の割合})=\dfrac{(y\text{の増加量})}{(x\text{の増加量})}$

【1次関数$y=ax+b$，方程式$x=p$，$y=q$のグラフ】

・$a>0$のとき…右上がりの直線。
・$a<0$のとき…右下がりの直線。
・$x=p$(定数)になるとき…y軸に平行な直線。
・$y=q$(定数)になるとき…x軸に平行な直線。

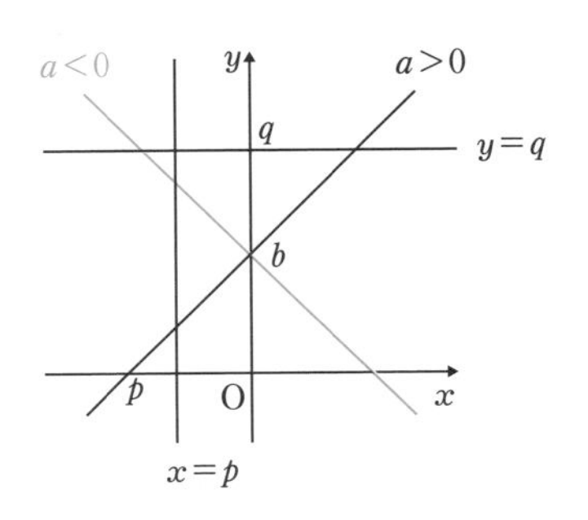

11 1次関数②

本冊 P24，25

答え

1 (1) $y=8x+6$　(2) $y=-3x+\dfrac{15}{2}$　(3) $y=-5x+6$　(4) $y=-3x+1$

(5) $y=-2x+5$

2 (1) $(-3,\ -4)$　(2) $a=2,\ b=-1$　(3) $a=2$

3 (1) $k=3$　(2) $a=-\dfrac{9}{2}$　(3) $k=5$

4 (1)① $0\leqq x\leqq 6,\ y=12x$　② $6\leqq x\leqq 12,\ y=72$

③ $12\leqq x\leqq 18,\ y=-12x+216$

(2) 解説参照　(3) 5秒後，13秒後

解説

1

(1) 傾きが8なので，$y=8x+b$ と表せる。

$x=-2,\ y=-10$ を代入して，

$-10=8\times(-2)+b$　　$b=6$

(3) 切片が6なので，$y=ax+6$ と表せる。

$x=3,\ y=-9$ を代入して，

$-9=3a+6$　　$a=-5$

(5) 求める直線の式を $y=ax+b$ とすると，

2点 $(3,\ -1)$，$(-1,\ 7)$ を通るので，

$-1=3a+b,\ 7=-a+b$

これを解いて，$a=-2,\ b=5$

2

(2) $x=-3,\ y=b$ を代入して，

$b=-3a+5,\ b=-3+a$

これを解いて，$a=2,\ b=-1$

(3) 直線①と x 軸との交点の座標は，

$0=-3x+9$　$x=3$　より，$(3,\ 0)$

$x=3,\ y=0$ を直線②の式に代入して，

$0=3a-6$　　$a=2$

3

(1) 求める直線の式を $y=ax+b$ とすると，

2点 $(3,\ 3)$，$(-2,\ -7)$ を通るので，

$3=3a+b,\ -7=-2a+b$

これを解いて，$a=2,\ b=-3$

よって，$y=2x-3$

$x=2k,\ y=3k$ を代入して，

$3k=2\times 2k-3$　　$3k=4k-3$　　$k=3$

(3) 連立方程式 $\begin{cases} x+y=-7 \\ 2x-3y=1 \end{cases}$ を解くと，

$x=-4,\ y=-3$

これを $x-3y=k$ に代入して，

$-4-3\times(-3)=k$　　$k=5$

4

(2)

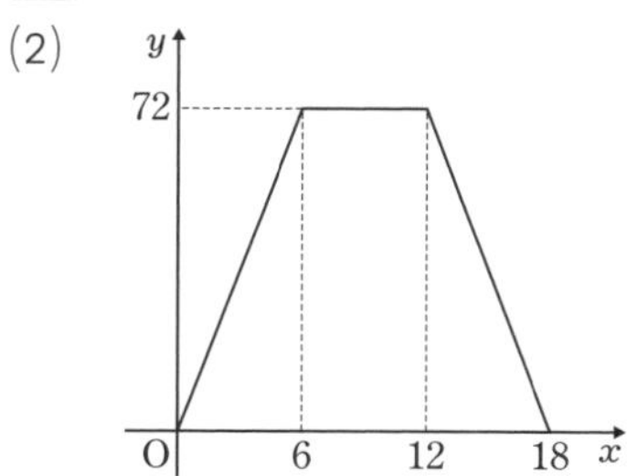

(3) △APDの面積が 60cm^2 になるとき，

$0\leqq x\leqq 6$ では，$60=12x$　　$x=5$

$12\leqq x\leqq 18$ では，

$60=-12x+216$　　$x=13$

これらは問題に適している。

学習のアドバイス ……得点が低かったところを読もう！……

1 1次関数$y=ax+b$の式の求め方は，①グラフの傾きaと切片bのどちらかを求めてから1組のx，yの値を代入する方法と，②2組のx，yの値を代入してa，bについての連立方程式を解く方法の2通りがあります。グラフの傾きなどの条件がわかる場合は①，直線が通る2点の座標がわかる場合は②を使いましょう。

2 2直線の交点の座標を求めるときは，それぞれの式を連立方程式とみて解くのが鉄則です。また，2直線の交点はどちらの直線上の点でもあるので，交点の座標がわかっているときは，それぞれの式に代入できます。x，y以外にも文字がある場合は，どの文字にどの値を代入するかに注意して計算しましょう。

3 3点や3直線を考える場合も，基本的な解き方は2点や2直線を考える場合と同様です。まずは，3つのうち考えやすい2つに注目して，直線の式や交点の座標を求めていきましょう。特に，3直線が1点で交わるときは，「2直線の交点を残りの直線が通る」という考え方が有効です。

4 図形上を点が動く問題は，関数の文章題の中でも頻出です。この問題のように，xの変域によって関数が変わることも多く，そのときは場合分けが必要になります。点の位置によってどのような状況になるのか，図を使って考えてからグラフに表すようにしましょう。

覚えておきたい知識

【1次関数の式の求め方】

・変化の割合と1組のx，yの値を利用…$y=$●$x+b$とおいて，x，yに値を代入する。

・切片と1組のx，yの値を利用…$y=ax+$●とおいて，x，yに値を代入する。

・2組のx，yの値を利用…$y=ax+b$とおいて，x，yに値を代入し，連立方程式を解く。

【2直線の交点】

・2直線の交点の座標⇔連立方程式の解

【3直線の交点】

・3直線が1点で交わる⇔2直線の交点を残りの直線が通る

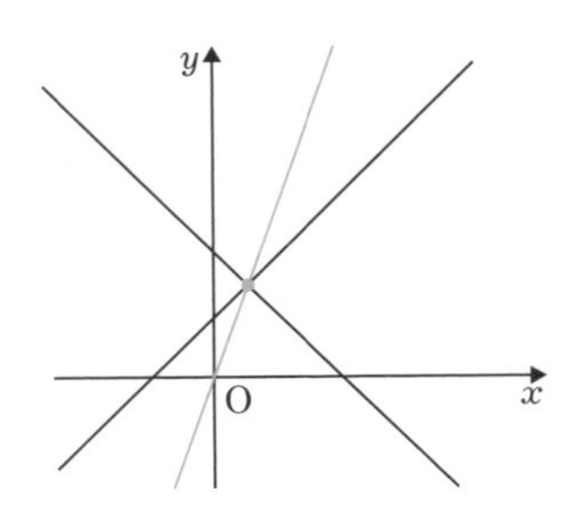

12 関数 $y=ax^2$ ①

本冊 P26，27

答え

1 (1) 解説参照　(2) イ

2 (1)① $1 \leqq y \leqq 9$　② $-8 \leqq y \leqq 0$　(2) 100　(3) $a=-1$

(4) $a=-2,\ b=-18$　(5) $a=8,\ b=16$

3 (1) $-\dfrac{1}{2}$　(2) $a=-\dfrac{5}{2}$　(3) $a=3$　(4) $a=-2$

解説

1

(1)

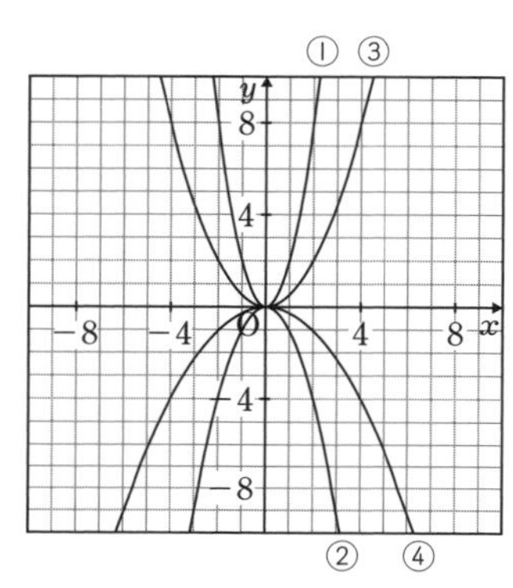

(2) $a>1$ より，グラフは上に開き，$x=1$ のとき，A(1，1)より上側を通る。

2

(2) $y=ax^2$ とおくと，$x=3$ のとき $y=36$ であるから，$36=a\times3^2$　$a=4$

よって，$y=4x^2$

$x=5$ のとき y は最大値をとり，その値は，

$4\times5^2=100$

(3) y の最小値が負の数なので，$a<0$ であり，グラフは右の図のようになる。

$x=-2$ のとき最小値 -4 をとるので，

$-4=a\times(-2)^2$　$-4=4a$　$a=-1$

(5) 関数 $y=3x^2$ について，

$x=-2$ のとき $y=3\times(-2)^2=12$

$x=4$ のとき $y=3\times4^2=48$

グラフは右の図のようになる。y の変域は

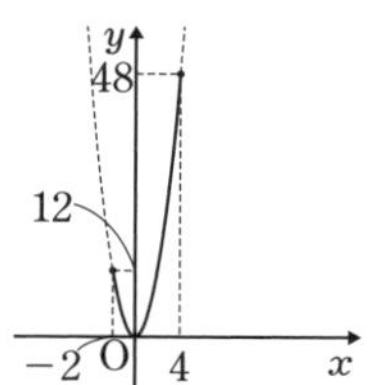

$0 \leqq y \leqq 48$　…①

関数 $y=ax+b$ について，

$x=-2$ のとき $y=-2a+b$

$x=4$ のとき $y=4a+b$

$a>0$ より，y の変域は

$-2a+b \leqq y \leqq 4a+b$　…②

①，②より，$-2a+b=0$　$4a+b=48$

これを解いて，$a=8,\ b=16$

3

(3) $x=a-1$ のとき $y=-(a-1)^2$

$x=a+1$ のとき $y=-(a+1)^2$

x の増加量は，$(a+1)-(a-1)=2$

変化の割合が -6 であるから，

$\dfrac{-(a+1)^2-\{-(a-1)^2\}}{2}=\dfrac{-4a}{2}=-2a$ より，

$-2a=-6$　$a=3$

(4) 関数 $y=ax^2$ について，

$x=1$ のとき $y=a\times1^2=a$

$x=5$ のとき $y=a\times5^2=25a$

1次関数 $y=-12x+3$ の変化の割合は -12 であるから，

$\dfrac{25a-a}{5-1}=\dfrac{24a}{4}=6a$ より，

$6a=-12$　$a=-2$

学習のアドバイス　得点が低かったところを読もう！

1 関数$y=ax^2$のグラフをかくときは，比例定数aの正負に注目します。$a>0$ならばグラフは上に開き，$a<0$ならばグラフは下に開きます。また，関数$y=ax^2$のグラフはy軸に対して対称になること，必ず原点を通ることも重要です。あとは，グラフが通る点の座標をいくつか求めて，なめらかな曲線で結びましょう。

2 関数$y=ax^2$の変域を考えるときは，xの変域に0がふくまれるかどうかがポイントになります。1次関数のグラフは，xの変域に関係なく右上がりか右下がりになりましたが，関数$y=ax^2$のときはそうではありません。丁寧にグラフをかいて確認するようにしましょう。また，関数$y=ax^2$では，yの変域が正の値をとるならば$a>0$，負の値をとるならば$a<0$となります。

3 関数$y=ax^2$の変化の割合は，xの増加量とyの増加量を考えましょう。一方で，1次関数$y=ax+b$の変化の割合は，常にaで一定になりましたが，関数$y=ax^2$の変化の割合は一定にはなりません。aの値をそのまま変化の割合として答えにしてしまわないように注意しましょう。

覚えておきたい知識

【関数$y=ax^2$】

・yがxの2乗に比例する…yがxの関数で，$y=ax^2(a\neq0)$の形で表される関係。

【関数$y=ax^2$のグラフ】

原点を通り，y軸について対称な放物線になる。

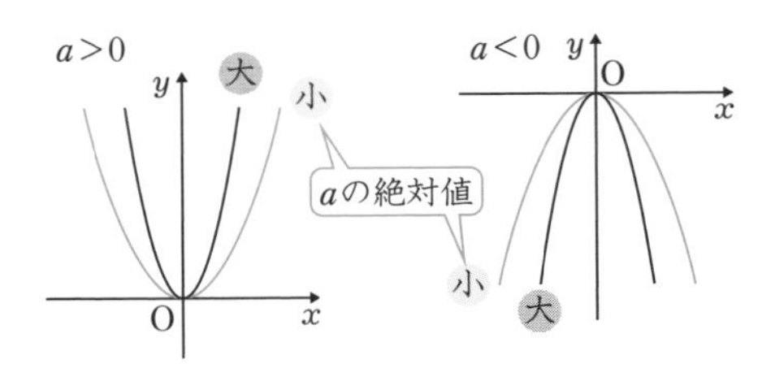

・$a>0$のとき…グラフは上に開く。
・$a<0$のとき…グラフは下に開く。
・aの絶対値が大きいほど，グラフの開きぐあいは小さくなる。
・軸…放物線の対称軸。
・頂点…放物線と軸との交点。

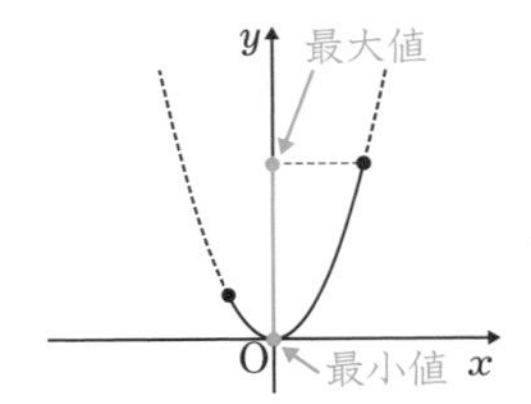

【最大値と最小値】

・最大値…関数のとる値のうちもっとも大きいもの。
・最小値…関数のとる値のうちもっとも小さいもの。

13 関数 $y=ax^2$ ②

本冊 P28，29

答え

1 (1) $(-2,\ 8)$　(2) $y=-2x+4$　(3) $(1,\ 2)$

2 (1) $A(-3,\ -9)$，$B(2,\ -4)$　(2) $(6,\ 0)$　(3) 15　(4) $(\sqrt{5},\ -5)$

3 (1) $y=\dfrac{1}{100}x^2$　(2) 81m　(3) 時速 50km

4 (1) $y=4x^2$　(2) $y=8x$　(3) $y=-16x+96$　(4) $\sqrt{2}$ 秒後，$\dfrac{11}{2}$ 秒後

解説

1

(3) 連立方程式 $\begin{cases} y=2x^2 \\ y=-2x+4 \end{cases}$ を解くと，

$2x^2=-2x+4$

$x^2+x-2=0$　　$x=-2,\ 1$

$x=1$ のとき，$y=2\times1^2=2$

よって，$B(1,\ 2)$

2

(3) 直線 $y=x-6$ と y 軸との交点をPとすると，$OP=6$

$\triangle OAB=\triangle AOP+\triangle BOP$ なので，面積は，

$\dfrac{1}{2}\times6\times3+\dfrac{1}{2}\times6\times2=15$

(4) 点Dの座標を $(p,\ -p^2)$ とする。

$OC=6$ より，$\triangle OCD$ の面積は，

$\dfrac{1}{2}\times6\times p^2=3p^2$

よって，$3p^2=15$　$p>0$ より，$p=\sqrt{5}$

したがって，$D(\sqrt{5},\ -5)$

3

(1) $y=ax^2$ とおくと，$x=30$ のとき $y=9$ であるから，$9=a\times30^2$　　$a=\dfrac{1}{100}$

4

(1) $0\leqq x\leqq2$ のとき，

$AP=2x$cm，$BQ=4x$cm

面積は，

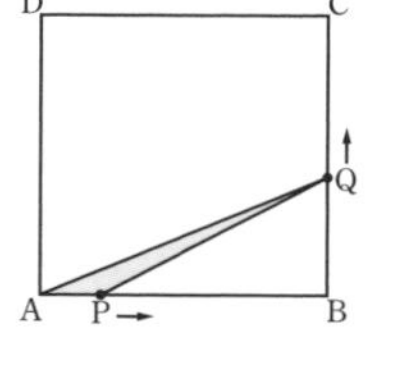

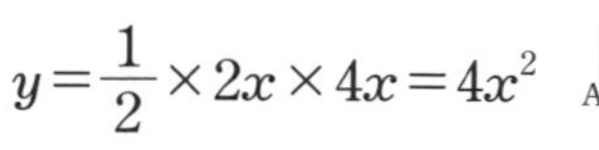

$y=\dfrac{1}{2}\times2x\times4x=4x^2$

(2) $2\leqq x\leqq4$ のとき，

$AP=2x$cm，$BC=8$cm

面積は，

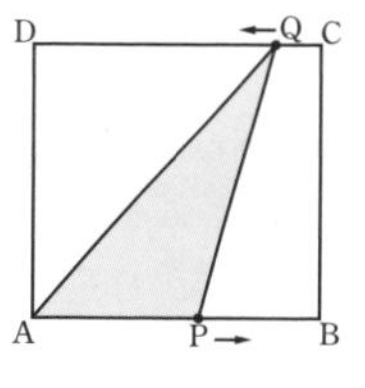

$y=\dfrac{1}{2}\times2x\times8=8x$

(3) $4\leqq x\leqq6$ のとき，

$AQ=8\times3-4x$

$=24-4x$(cm)

$AB=8$cm

面積は，

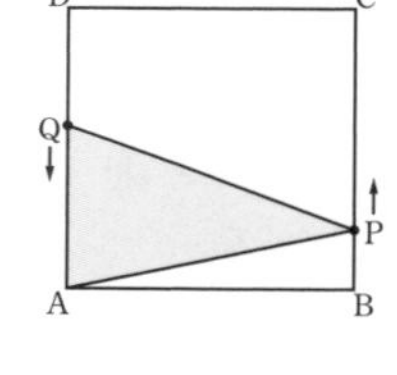

$y=\dfrac{1}{2}\times(24-4x)\times8=-16x+96$

(4) (1)〜(3)の式にそれぞれ $y=8$ を代入する。

$8=4x^2$ とすると，$x=\pm\sqrt{2}$

$0\leqq x\leqq2$ に適するのは，$x=\sqrt{2}$

$8=8x$ とすると，$x=1$

これは，$2\leqq x\leqq4$ に適さない。

$8=-16x+96$ とすると，$x=\dfrac{11}{2}$

これは，$4\leqq x\leqq6$ に適する。

学習のアドバイス ……… 得点が低かったところを読もう！………

1 放物線と直線の交点に関する問題では，交点がどちらのグラフ上の点でもあることに注目するのがコツです。交点の座標はどちらの関数の式も満たすことから，放物線の式と直線の式を連立方程式とみて，yを消去することで，xについての２次方程式になります。その解が，交点のx座標を表しています。

2 グラフ上の点を結んでできる三角形の面積に関する問題です。底辺や高さがわかりにくい場合は，２つの三角形に分けて，底辺や高さは座標軸と平行な線分にとると考えやすくなります。

3 問題文中に「～の２乗に比例する」といったキーワードがあれば，$y=ax^2$の形で数量の関係を表せると判断しましょう。また，文章題で与えられた数値を代入する際は，代入する文字を間違えてしまうミスが起こりがちです。何の数量をどの文字で表しているのかに注意して計算しましょう。

4 xの変域によって関数が変わる問題では，この問題のように，途中までは$y=ax^2$の形，途中からは$y=ax+b$の形になる場合もあります。また，さらに難しくなると，xの変域について問題文でヒントがない場合もあります。複雑な状況になっても焦らず，まずは丁寧に図やグラフをかいて，点の位置関係や三角形の形などをきちんと把握することを心がけましょう。

覚えておきたい知識

【放物線と直線の交点】

・放物線$y=ax^2$と直線$y=mx+n$の交点のx座標
　⇔２つの式からyを消去してできた，xについての２次方程式の解

【放物線と直線でできる三角形の面積】

２つの三角形に分けて，底辺や高さは座標軸と平行な線分にとる。

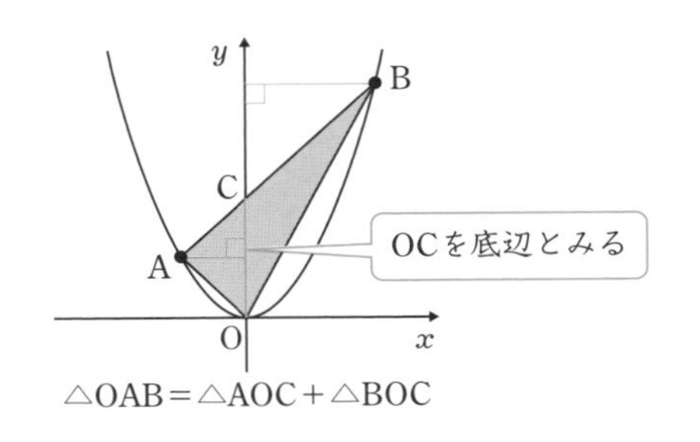

14 平面図形①

本冊 P30, 31

答え

1 (1) 3つ　(2) 3つ　(3) 6つ

2 (1) ∠ACB(∠BCA)　(2)① AD//BC　② AB⊥BC

(3)① 10cm　② 8cm　③ 6cm

3 解説参照

4 (1)① 63°　② 56°　(2) 84°

5 (1) ウ，オ　(2) エ　(3) カ　(4) 120°

解説

1

(1) 直線AB，BC，ACの3つ。

(2) 線分AB，BC，ACの3つ。

(3) 半直線AB，BA，BC，CB，AC，CAの6つ。

2

(2) 平行は「//」，垂直は「⊥」で表す。

(3)① 線分ACの長さであるから，10cm

② 辺DCの長さであるから，8cm

③ 辺ADの長さであるから，6cm

3

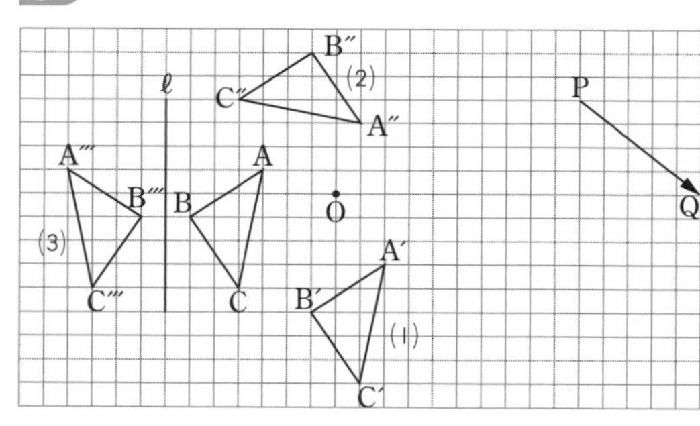

4

(1)① ∠BOC＝∠AOB－∠AOC

＝90°－27°＝63°

② ∠BOD＝∠COD－∠BOC

＝90°－63°＝27°

よって，∠BOE＝∠BOD＋∠DOE

＝27°＋29°＝56°

(2) 点Oと点P，Q，Rをそれぞれ結ぶと，点P，Qは直線OAを対称の軸として対称であるから，

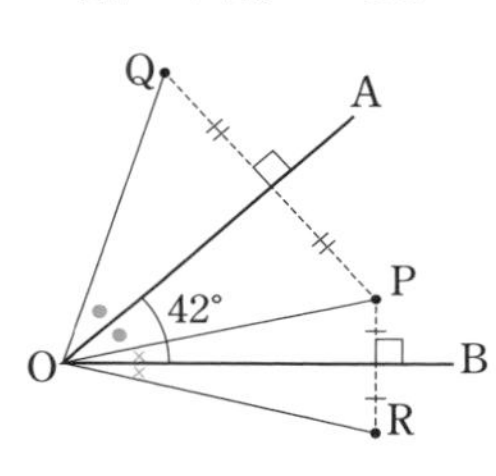

∠AOQ＝∠AOP

点P，Rは直線OBを対称の軸として対称であるから，

∠BOR＝∠BOP

よって，

∠QOR＝∠AOP×2＋∠BOP×2

＝∠AOB×2＝42°×2＝84°

5

(2) 点対称移動は，180°の回転移動のこと。

(4) 360°÷6＝60°より，正三角形を，点Oを回転の中心として時計回りに60°回転させると，1つとなりの正三角形に重なる。

よって，60°×2＝120°

学習のアドバイス　得点が低かったところを読もう！

1 直線，線分，半直線の定義を確認しましょう。半直線は，2点のうちどちらの方向にのびているかによって，2通り考えられることに注意が必要です。

2 指定された角や，垂直・平行の関係は，記号を使って表せるようにしましょう。また，2点の間の距離はその2点を結んだ線分の長さ，点と直線の間の距離はその点から直線にひいた垂線の長さ，2直線の間の距離はそれらをつなぐ垂線の長さと同じです。

3 平行移動，回転移動，対称移動の定義を確認しましょう。図形の移動の問題では，どの点がどの点と対応しているのかを意識することが大切です。いきなり図形全体の移動を考えるのではなく，まずはその図形の各頂点に注目して，1点ずつ移動を考えましょう。

4 角の大きさを考える問題では，まずは簡単にわかる角の大きさを図に書き込んでみることが重要です。そのうえで，垂直であることや対称であることなどの条件から，さらにわかる角がないかを考えましょう。

5 平行移動の場合は，その図形の向きが変わらないことに気をつけましょう。また，回転移動の場合は，その図形の各頂点がそれぞれ何度移動したかを考えましょう。

覚えておきたい知識

【直線と線分，垂直と平行】

・直線AB　・線分AB　・半直線AB　・半直線BA

・AB⊥CD…2直線ABとCDが垂直　・AB//CD…2直線ABとCDが平行

【図形の移動】

・平行移動

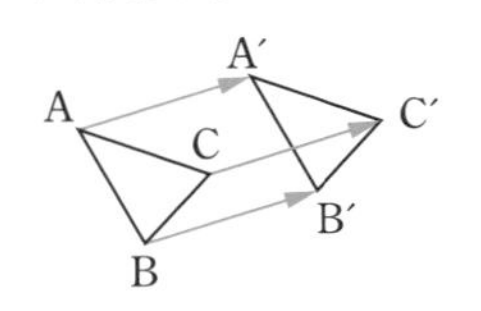

・回転移動

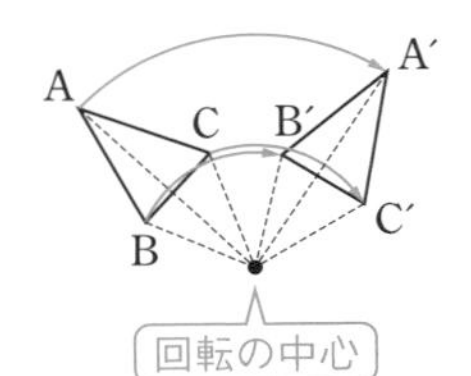

・対称移動

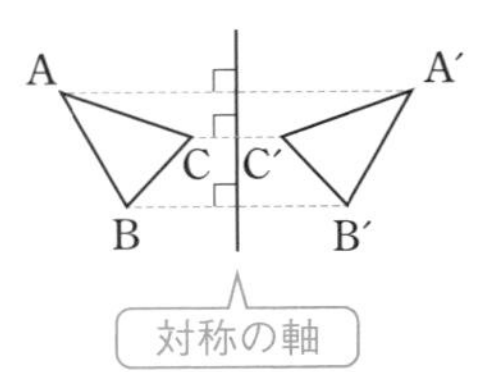

15 平面図形②

本冊 P32, 33

答え

1 解説参照

2 解説参照

3 (1)① 8πcm　② $(8\pi-16)$cm^2　(2)① 12πcm　② 24cm^2

解説

1

(1)

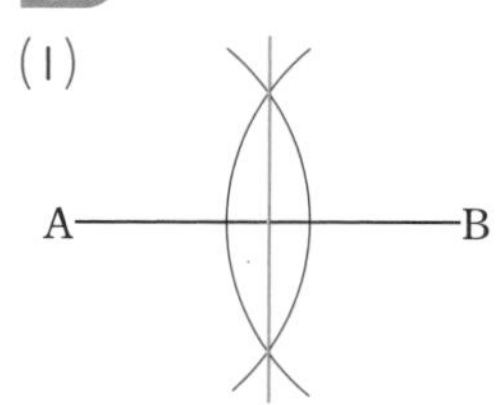

(2)

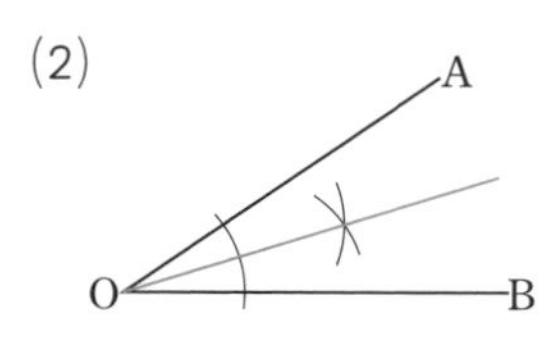

(3)

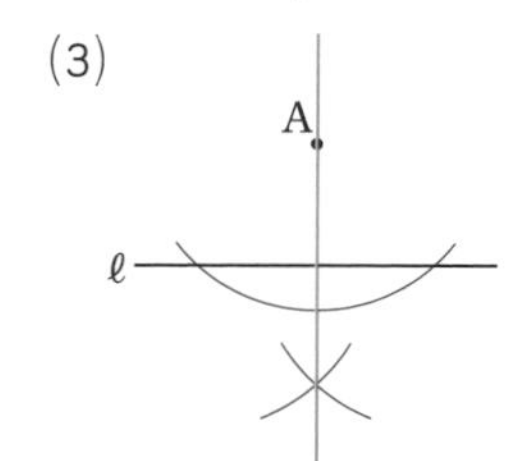

(4)

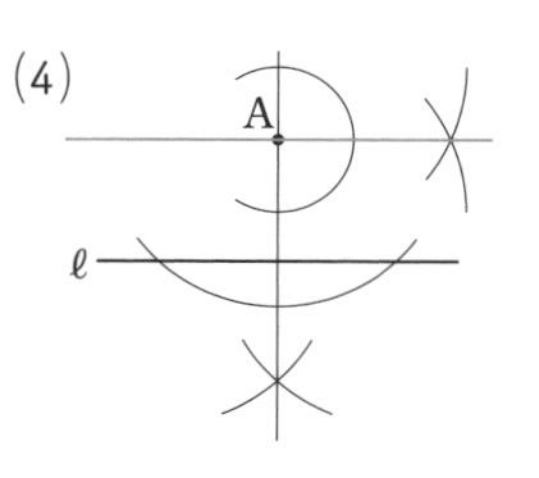

(5)

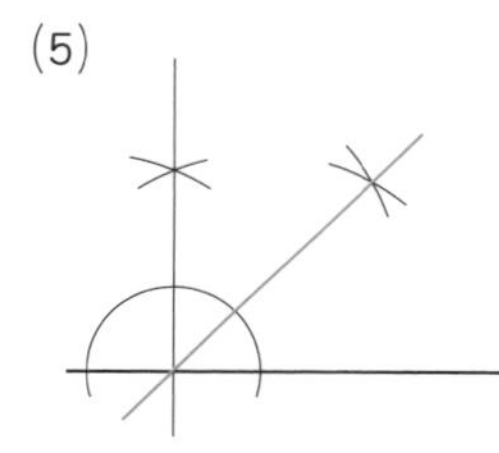

(6)

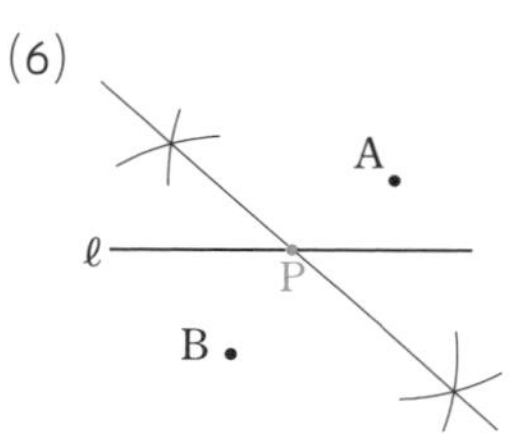

(7)

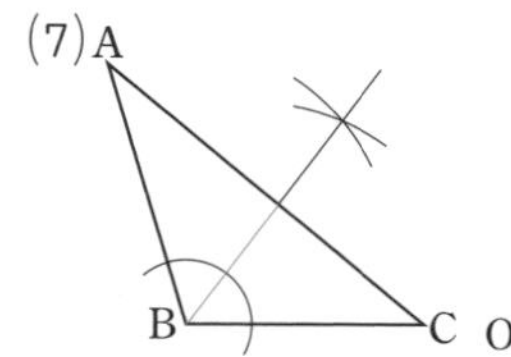

(8)

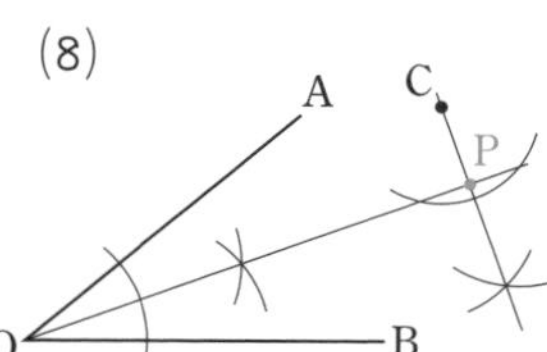

2

(1)

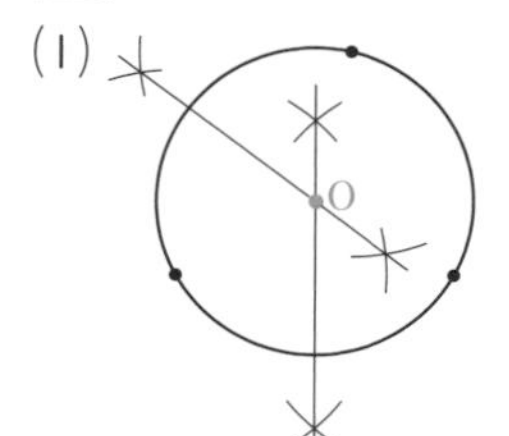

(2)

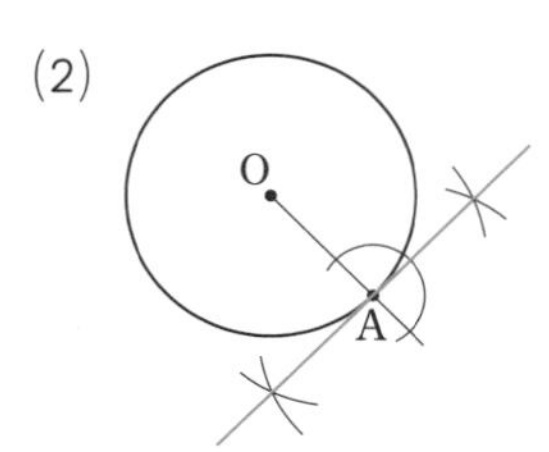

(3)

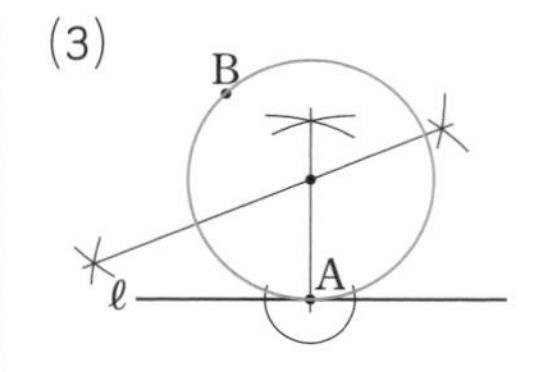

(4)

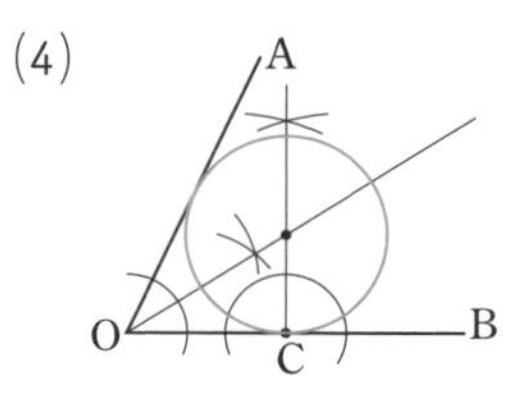

3

(1)① 半径8cm，中心角90°のおうぎ形の弧1つ分と，半径4cm，中心角90°のおうぎ形の弧2つ分の長さの和である。

$$2\pi\times8\times\frac{90}{360}+2\pi\times4\times\frac{90}{360}\times2$$

$$=4\pi+4\pi=8\pi\text{(cm)}$$

② 半径8cm，中心角90°のおうぎ形の面積から，半径4cm，中心角90°のおうぎ形2つ分と，1辺が4cmの正方形1つ分の面積をひいたものである。

$$\pi\times8^2\times\frac{90}{360}-\pi\times4^2\times\frac{90}{360}\times2-4^2$$

$$=16\pi-8\pi-16=8\pi-16\text{(cm}^2\text{)}$$

(2)② 直径8cmの半円と，直径6cmの半円と，直角三角形の面積の和から，直径10cmの半円の面積をひいたものである。

$$\pi\times4^2\times\frac{1}{2}+\pi\times3^2\times\frac{1}{2}$$

$$+\frac{1}{2}\times8\times6-\pi\times5^2\times\frac{1}{2}$$

$$=8\pi+\frac{9}{2}\pi+24-\frac{25}{2}\pi=24\text{(cm}^2\text{)}$$

学習のアドバイス ……………… 得点が低かったところを読もう！ ………………

1 垂直二等分線の作図，角の二等分線の作図，垂線の作図の３つは，作図問題の基本形になります。まずはこれらの作図の手順をしっかり覚えましょう。等しい距離にある点や折り目となる線分なども，３つの基本形を組み合わせて作図することができます。

2 円が関係する作図問題です。円の中心は弦の垂直二等分線上にあることや，円の接線は接点を通る半径に垂直であることといった，円の性質をおさえておきましょう。

3 おうぎ形の弧の長さと面積の公式は小学校でも学んでいますが，円周率として文字πを使う点が異なることに注意しましょう。また，複雑な図形の面積も，計算できる部分の面積を全体からひくことで求めることができます。

覚えておきたい知識

【作図の基本形】

・垂直二等分線の作図

① 点A，Bを中心とする同じ半径の円をかく。
② ①の交点を通る直線をひく。

・角の二等分線の作図

① 点Oを中心とする適当な円をかく。
② ①の円と半直線OA，OBの交点を中心とする同じ半径の円をかく。
③ 点Oと②の交点を通る直線をひく。

・垂線の作図

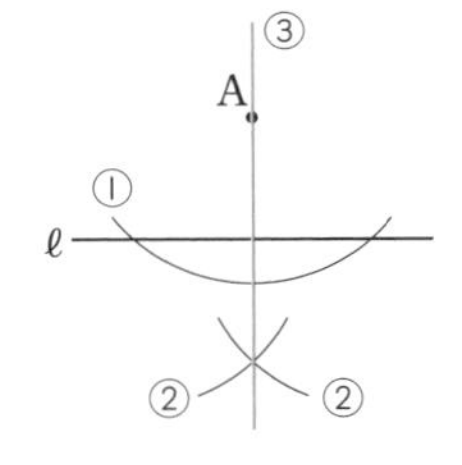

① 点Aを中心とする適当な円をかく。
② ①の円と直線ℓの交点を中心とする同じ半径の円をかく。
③ 点Aと②の交点を通る直線をひく。

【円とおうぎ形】

・円の性質…円の弦の垂直二等分線は，円の中心を通る。
　　　　　　円の接線は，接点を通る半径に垂直である。

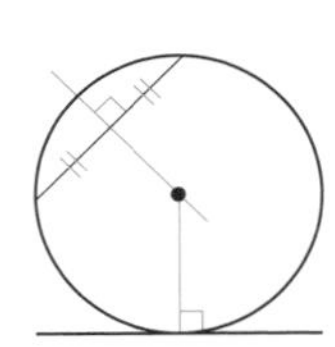

・半径r，中心角$a°$のおうぎ形の弧の長さℓと面積S

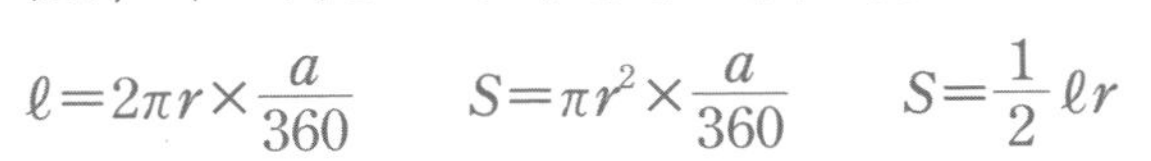

$\ell=2\pi r\times\frac{a}{360}$　　$S=\pi r^2\times\frac{a}{360}$　　$S=\frac{1}{2}\ell r$

16 空間図形①

本冊　P34，35

答え

1 (1)　（上から右へ順に）3，6，6，12，正五角形，3，5，12

(2)①　$\dfrac{ac}{d}$　　②　$\dfrac{bc}{2}$

2 (1)　直線DC，HG，EF　　(2)　直線CG，DH，FG，EH

(3)　直線AE，DH，EF，HG　　(4)　平面DCGH

(5)　平面ABFE，EFGH　　(6)　直線AB，DC，EF，HG

3 (1)　○　　(2)　×　　(3)　×　　(4)　×　　(5)　×　　(6)　○

4 (1)　解説参照　　(2)　円　　(3)　台形

5 解説参照

解説

1

(1)　正多面体は，正四面体，正六面体(立方体)，正八面体，正十二面体，正二十面体の5種類。

(2)①　1つの頂点にはd個の面が集まるので，重複分のdでわる。

②　1つの辺には2つの面が重なるので，重複分の2でわる。

2

(3)　直線BCと平行ではなく，交わらない直線を答える。

(4)　直方体は，向かい合う2つの面が平行である。

(5)　直線CDがふくまれず，交わらない平面を答える。

(6)　直線AE，EH，HD，DAにそれぞれ垂直な直線のうち，平面AEHDにふくまれないものを答える。

3

(2)　$P/\!/Q$となる。

(3)　直線m，nは，交わる場合やねじれの位置にある場合もある。

(4)　平面Q，Rは，交わる場合もある。

(5)　平面P，Qは，交わる場合もある。

4

(1)①　　②

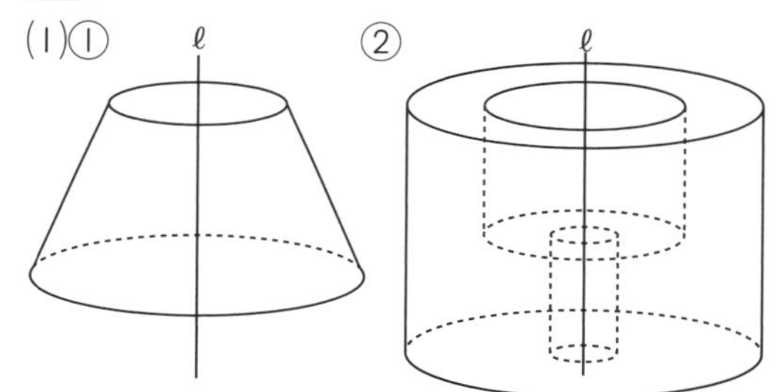

5

下の図のような，円錐を縦に2等分したものと四角錐を貼り合わせた形の立体になる。

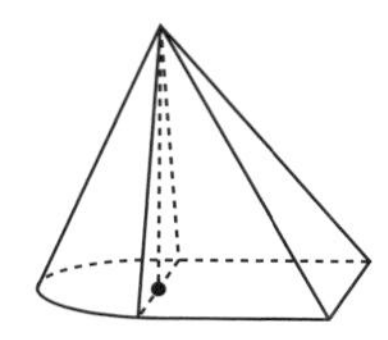

学習のアドバイス　……得点が低かったところを読もう！……

1 正多面体は，この表で出てきた5種類しかありません。また，正多面体の頂点の数と辺の数は，覚えていなくても(2)のようにして計算で求めることができます。

2 直線や平面の位置関係に関する問題は，三角柱や四角柱などの立体とともに出題されることが多いです。位置関係にはどのような場合があるのかをしっかりと覚え，もれなく答えられるようにしましょう。

3 記号を使って位置関係が説明されている場合は，自分で図をかいて確認することが大切です。慣れないうちは，直線は鉛筆，平面はノートなどを使って実際に試しながら考えてみるのもよいでしょう。

4 回転体の見取図は，まずは回転の軸を対称の軸とする線対称な図形をかきましょう。次に，対応する頂点どうしを結ぶように，円の部分をかきたします。

5 投影図では，立面図からは立体が柱体(円柱・角柱)か錐体(円錐・角錐)かを，平面図からは底面の形を読み取ることができます。

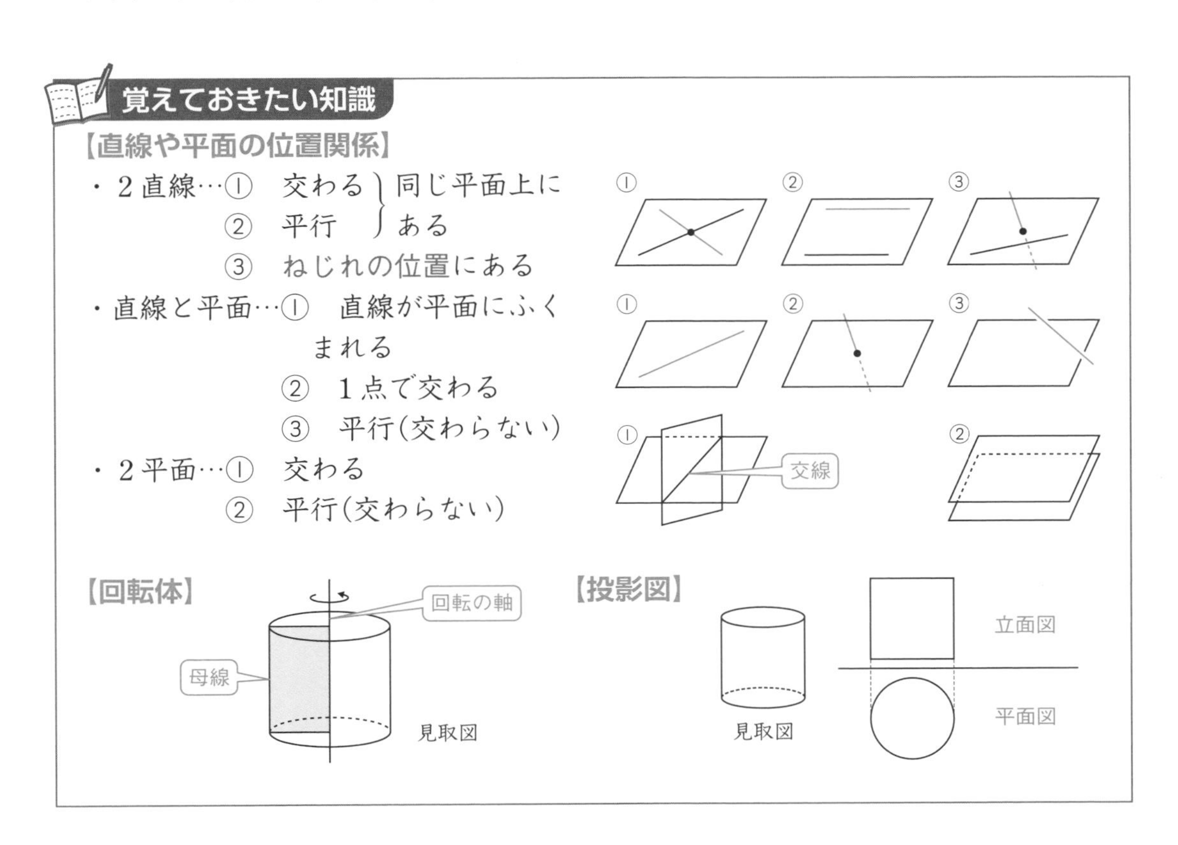

覚えておきたい知識

【直線や平面の位置関係】

・2直線…① 交わる ｝同じ平面上に
　　　　② 平行 　｝ある
　　　　③ ねじれの位置にある

・直線と平面…① 直線が平面にふくまれる
　　　　　　② 1点で交わる
　　　　　　③ 平行(交わらない)

・2平面…① 交わる
　　　　② 平行(交わらない)

【回転体】

【投影図】

17 空間図形②

本冊 P36，37

答え

1 (1) 面ア，ウ，オ，カ　(2) 面ウ，カ　(3) 面ウ，オ　(4) 点C，I

2 (1)① 72cm^3　② 114cm^2　(2)① $100\pi\text{cm}^3$　② $90\pi\text{cm}^2$
(3)① $288\pi\text{cm}^3$　② $144\pi\text{cm}^2$

3 (1)① $160\pi\text{cm}^3$　② $112\pi\text{cm}^2$　(2)① $24\pi\text{cm}^3$　② $48\pi\text{cm}^2$
(3) 56cm^3

4 解説参照

解説

1

展開図を組み立てると，下の図のようになる。

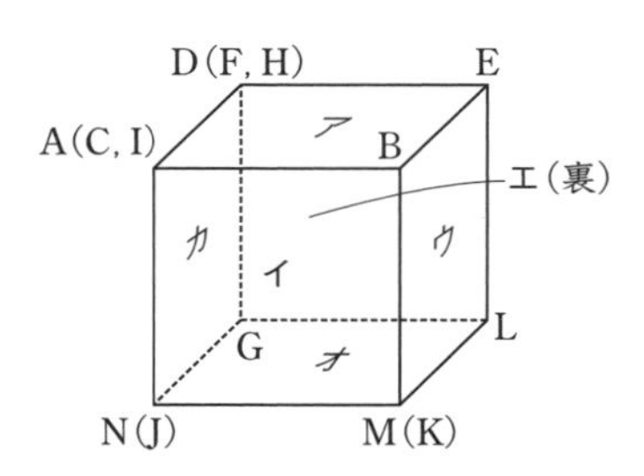

2

(2)① 底面積は，$\pi\times5^2=25\pi(\text{cm}^2)$

体積は，$\frac{1}{3}\times25\pi\times12=100\pi(\text{cm}^3)$

② 側面のおうぎ形の弧の長さは，
$2\pi\times5=10\pi(\text{cm})$

側面積は，$\frac{1}{2}\times10\pi\times13=65\pi(\text{cm}^2)$

表面積は，$25\pi+65\pi=90\pi(\text{cm}^2)$

(3) 半径は6cmである。

① $\frac{4}{3}\pi\times6^3=288\pi(\text{cm}^3)$

② $4\pi\times6^2=144\pi(\text{cm}^2)$

3

(2) 底面が半径3cmの円，高さが4cmの円柱から，同じ底面と高さの円錐を除いた形になる。底面積は，
$\pi\times3^2=9\pi(\text{cm}^2)$

① $9\pi\times4-\frac{1}{3}\times9\pi\times4=24\pi(\text{cm}^3)$

② 除いた円錐の側面のおうぎ形の弧の長さは，$2\pi\times3=6\pi(\text{cm})$
除いた円錐の側面積は，

$\frac{1}{2}\times6\pi\times5=15\pi(\text{cm}^2)$

円柱の側面積は，$4\times6\pi=24\pi(\text{cm}^2)$
表面積は，$9\pi+15\pi+24\pi=48\pi(\text{cm}^2)$

(3) 底面が台形，高さが2cmの角柱になる。

底面積は，$\frac{1}{2}\times(2+6)\times7=28(\text{cm}^2)$

体積は，$28\times2=56(\text{cm}^3)$

4

切り口はそれぞれ下の図のようになる。

(1)

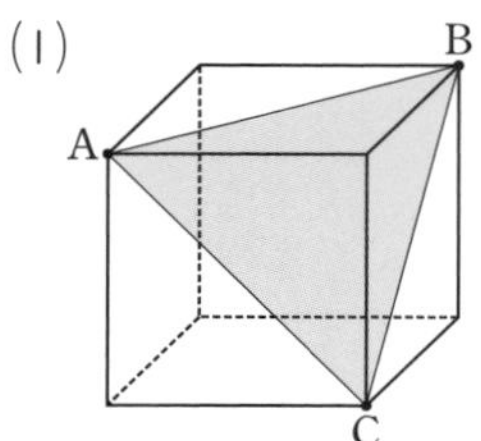

(2)

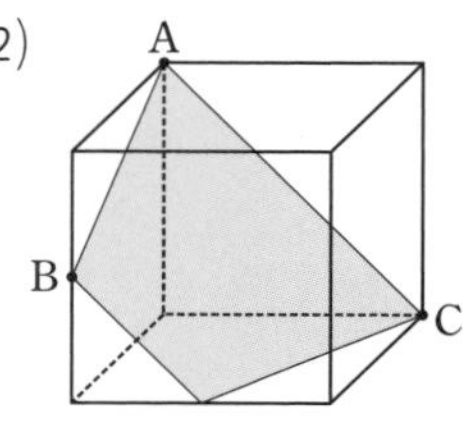

学習のアドバイス ……… 得点が低かったところを読もう！………

1 立方体の展開図の問題では，組み立てるとどの点がどの点と重なるかをよくイメージする必要があります。まずはどこか1つの面を基準にして，その面が前面になるような見取図をかいてから他の頂点を見取図に書き込んでいくと，考えやすくなります。

2 柱体(円柱，角柱)や錐体(円錐，角錐)の体積，球の体積と表面積には公式があるので，まずはそれを覚えましょう。柱体や錐体の表面積は，底面積と側面積に分けて，それぞれ個別に考えていくとよいです。また，円錐の表面積を求める際は，「(側面のおうぎ形の弧の長さ)＝(底面の円周の長さ)」の関係をよく使います。

3 立体の体積や表面積を求める問題では，図が見取図ではなく展開図や投影図でかかれている場合や，回転体を考える場合も多いです。これらは，見取図になおして考えましょう。特に回転体では，見取図が全体から一部の立体を除いたような形になることもあるので，注意が必要です。

4 立体の切り口の問題では，切り口の辺は必ず立体の面上にあることがポイントです。(2)のように，点どうしを直線で結ぶと立体の中を貫いてしまう場合は，立体の面に沿いながら遠回りして結ぶイメージを持つとよいでしょう。

覚えておきたい知識

【円柱，角柱】

底面積をS，高さをh，体積をVとする。

・体積…$V=Sh$

・表面積…(底面積)×2＋(側面積)

【円錐，角錐】

底面積をS，高さをh，体積をVとする。

・体積…$V=\frac{1}{3}Sh$

・表面積…(底面積)＋(側面積)

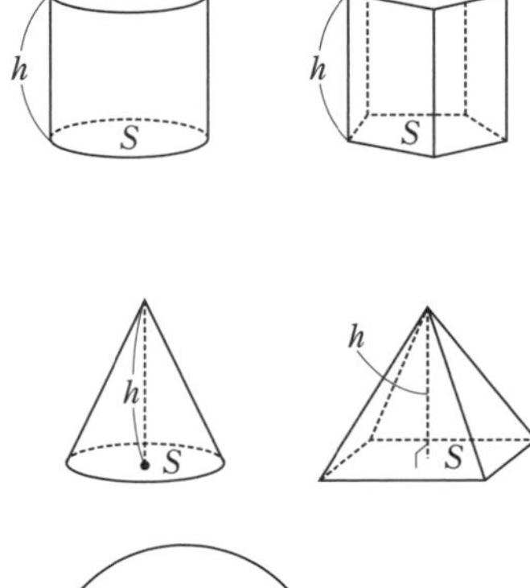

【球】

半径をr，体積をV，表面積をSとする。

・体積…$V=\frac{4}{3}\pi r^3$　　・表面積…$S=4\pi r^2$

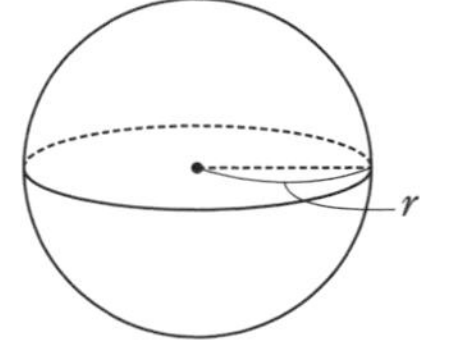

18 図形の性質と合同①

本冊 P38, 39

答え

1 (1) a と c, d と f (2) 92°

2 (1)内角 140° 外角 40° (2) 十二角形

3 (1) 60° (2) 125° (3) 48° (4) 32° (5) 140° (6) 33°

4 (1)① 40° ② 86° (2) 115°

5 (1) 鋭角三角形 (2) 直角三角形

解説

1

(1) 錯角が等しいから, $a /\!/ c$
同位角が等しいから, $d /\!/ f$

(2) $180° - 88° = 92°$

2

(1) 内角の和は, $180° \times (9-2) = 1260°$
よって, 1つの内角の大きさは,
$1260° \div 9 = 140°$
1つの外角の大きさは, $180° - 140° = 40°$

(2) $180° \times (n-2) = 1800°$ $n = 12$
よって, 十二角形。

3

(2) 図のように補助線をひく。
$51° + 34° = 85°$
であるから,
$\angle x = 85° + 40°$
$= 125°$

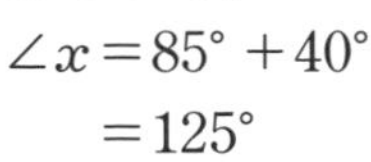

(4) 図のように補助線をひく。
$180° - 152° = 28°$
$28° + 54° = 82°$
対頂角は等しいから,
$\angle x = 180° - 66° - 82° = 32°$

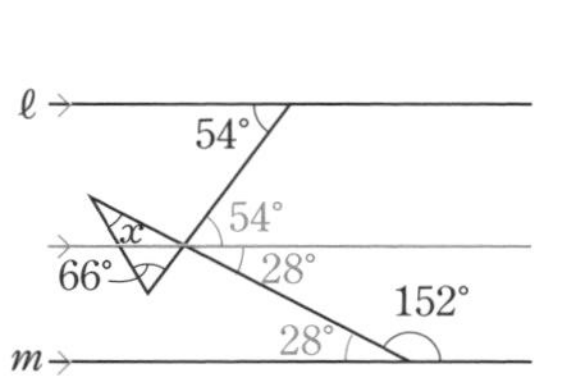

(5) △ABC が正三角形なので,
$\angle C = 60°$
$\angle x = 80° + 60°$
$= 140°$

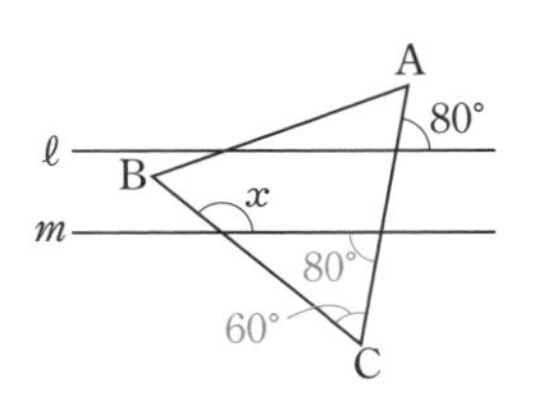

(6) 外角の和は 360° であるから,
$\angle x = 360° - (65° + 68° + 67° + 45° + 82°)$
$= 33°$

4

(1)① 折り返した図形であるから,
$\angle ADE = \angle A'DE$
$\angle ADE = 116° - 76° = 40°$ であるから,
$\angle x = 40°$

② 折り返した図形であるから,
$\angle DA'E = 76°$
$\angle A'ED = 180° - 76° - 40° = 64°$
$\angle A'EC = 116° - 64° = 52°$
$\angle y = 180° - 52° - 42° = 86°$

(2) $(\angle● + \angle○) \times 2 + 50° = 180°$
よって, $\angle● + \angle○ = 65°$
$\angle BDC = 180° - 65° = 115°$

5

(1) $\angle A = 40°$, $\angle B = 60°$, $\angle C = 80°$ であるから, 鋭角三角形。

(2) $\angle A + \angle B + \angle C = 2 \times \angle A = 180°$
$\angle A = 90°$ であるから, 直角三角形。

学習のアドバイス　得点が低かったところを読もう！

1 角度が与えられている問題の場合，2直線が平行かどうかを考えるときには，同位角や錯角に注目するのが鉄則です。まずはわかる角度を書き込んでいって，同じ大きさになる角を見つけたら，それらの位置関係を確認しましょう。

2 n角形の内角の和は，公式にあてはめれば求められます。n角形の1つの内角の大きさは，それを頂点の数nでわればよいです。また，n角形の外角の和は，nに関係なく常に360°になることも重要事項なので，覚えておきましょう。

3 角の大きさを求める問題では，平行線の同位角，錯角の関係や，三角形の内角と外角の性質をうまく組み合わせて考えることが重要です。また，補助線をひくときは，三角形ができるように，もしくは平行になるようにひくとうまくいくことが多いです。

4 図形を折り返す問題では，折って重なる角は同じ大きさになることがポイントです。また，1つ1つの角の大きさがわからない問題は，角の二等分線の条件などを使って，それらの角の和を考えてみましょう。

5 鋭角三角形，直角三角形，鈍角三角形の定義を確認しましょう。90°より大きな角があれば鈍角三角形，ちょうど90°の角があれば直角三角形，すべての角の大きさが90°未満であれば鋭角三角形です。

覚えておきたい知識

【平行線と角】

・2直線ℓ，mが平行⇔同位角，錯角が等しい

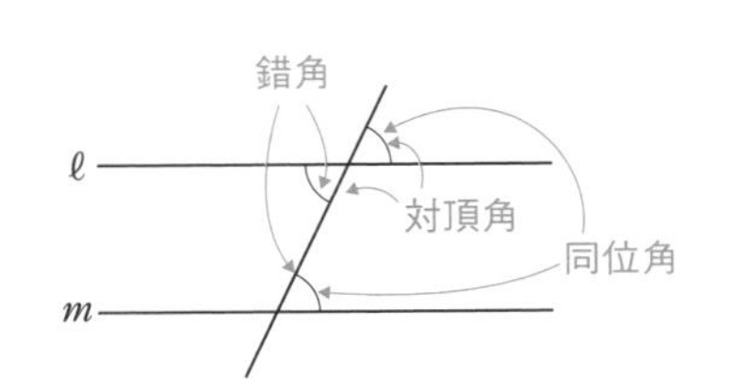

【三角形の内角と外角の性質】

・3つの内角の和は180°

・1つの外角は，それととなり合わない2つの内角の和に等しい。

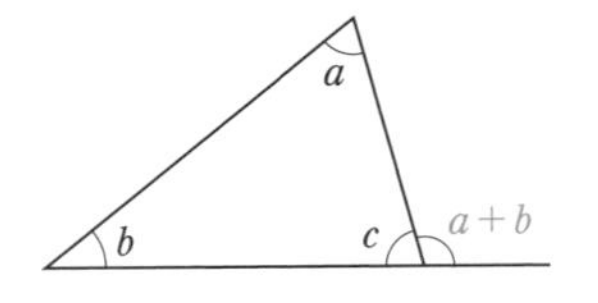

【n角形の内角と外角の和】

・内角の和…180°×$(n-2)$　　・外角の和…常に360°

19 図形の性質と合同②

本冊 P40，41

答え

1 △ABC≡△IGH，2組の辺とその間の角がそれぞれ等しい
△DEF≡△QRP，1組の辺とその両端の角がそれぞれ等しい
△JKL≡△NOM，3組の辺がそれぞれ等しい

2 (1)仮定　$x+y=1$，$x-y=7$　　結論　$x=4$，$y=-3$
(2)仮定　七角形　　結論　内角の和は900°
(3)仮定　AB＝BC＝CA　　結論　△ABCは正三角形

3 (1)(2)　AB＝DC，∠ABC＝∠DCB（順不同）　(3)　共通の辺
(4)　2組の辺とその間の角

4 解説参照

解説

1

AB＝IG，BC＝GH
∠G＝180°－65°－85°＝30°＝∠B
よって，△ABC≡△IGH
DE＝QR，∠DEF＝∠QRP
∠D＝180°－48°－74°＝58°＝∠Q
よって，△DEF≡△QRP
JK＝NO，KL＝OM，LJ＝MN
よって，△JKL≡△NOM

4

(1)　△ABEと△CBDにおいて，
仮定より，AB＝CB　…①
∠BAE＝∠BCD　…②
共通の角だから，∠ABE＝∠CBD　…③
①～③より，1組の辺とその両端の角がそれぞれ等しいから，
△ABE≡△CBD
合同な図形では，対応する辺の長さが等しいから，AE＝CD

(2)　△BDFと△CEFにおいて，
仮定より，BF＝CF　…①
BD//ECより，錯角が等しいから，
∠DBF＝∠ECF　…②
対頂角は等しいから，
∠BFD＝∠CFE　…③
①～③より，1組の辺とその両端の角がそれぞれ等しいから，
△BDF≡△CEF
合同な図形では，対応する辺の長さが等しいから，DF＝EF

(3)　△APQと△BPQにおいて，
仮定より，AP＝BP　…①
AQ＝BQ　…②
共通の辺だから，PQ＝PQ　…③
①～③より，3組の辺がそれぞれ等しいから，△APQ≡△BPQ
合同な図形では，対応する角の大きさが等しいから，∠APQ＝∠BPQ
∠APB＝180°より，
∠APQ＝∠BPQ＝90°

(4)　△GHIにおいて，
∠H＝90°より，90°＋∠●＋∠○＝180°
であるから，
∠●＋∠○＝90°
(∠●＋∠○)×2＝180°
∠EID＝180°－2×∠○＝2×∠●
よって，∠AGF＝∠EIDより，錯角が等しいから，AB//CD

学習のアドバイス ……………… 得点が低かったところを読もう！ ………………

1 合同な三角形を見つける問題では，三角形の向きが変えられていたり，辺の長さや角の大きさで同じ部分があっても合同条件にはあてはまらなかったりする場合もあります。同じ数値があるからといって，すぐに合同であると判断しないように注意しましょう。また，答えるときは，対応する頂点の順番をそろえて書くようにしましょう。

2 仮定と結論を正しく把握することは，証明問題を解くうえでも非常に重要になります。わかりにくいときは，(2)は「七角形ならば内角の和は900°である。」，(3)は「△ABCにおいて，AB＝BC＝CAならば，△ABCは正三角形である。」のように，「○○○ならば□□□」の形の文章になおして考えるとよいでしょう。

3 三角形の合同の証明には，ある程度決まった流れがあります。まずはどの三角形を考えるのかを述べたうえで，問題で与えられている条件(仮定)からわかることを整理しましょう。次に，結論から逆算して，あと何の条件(根拠)が必要になるかを考えます。一通り必要な条件がそろったら，最後に三角形の合同条件を明記して，結論を書きましょう。

4 辺の長さや角の大きさが等しいことを証明する場合は，それらの辺や角をふくむ三角形の合同を証明することを考えましょう。また，2辺が平行であることを証明する場合は，平行線の性質や，三角形の内角の和などを使うことも多いです。

覚えておきたい知識

【三角形の合同】

・2つの図形が合同である…一方の図形を移動すると，他方にぴったりと重なる。
・三角形の合同条件…① 3組の辺がそれぞれ等しい
　　② 2組の辺とその間の角がそれぞれ等しい
　　③ 1組の辺とその両端の角がそれぞれ等しい

【証明】

・仮定と結論…あることがらや性質について述べた文「○○○ならば□□□」について，○○○の部分を仮定，□□□の部分を結論という。
・証明の流れ…仮定(はじめからわかっていること)→根拠(三角形の合同条件など)→結論(証明したいこと)の順番で書く。

20 三角形と四角形①

本冊 P42，43

答え

1 (1) 54°　(2) 20°

2 (1)(2) AB＝AC，AD＝AE（順不同）　(3) 60°－∠DAC

(4) 2組の辺とその間の角　(5) BC

3 解説参照

4 (1) （例）底辺4cmで高さ1cmの△ABCと，底辺2cmで高さ2cmの△DEF

(2) ○

(3) （例）1辺が1cmの正三角形ABCと，1辺が3cmの正三角形DEF

解説

1

(1) ∠CDB＝∠CBD＝21°×2＝42°

△CADの内角と外角の関係から，

∠DCE＝21°＋42°＝63°

$\angle x$＝180°－63°×2＝54°

(2) ∠DBE＝65°－25°＝40°

$\angle x$＝60°－40°＝20°

3

(1) △ABFの内角と外角の関係から，

∠AFE＝∠●＋∠○　…①

△CBEの内角と外角の関係から，

∠AEF＝∠●＋∠○　…②

①，②より，∠AFE＝∠AEF

よって，2つの角が等しいから，△AFEは二等辺三角形である。

(2) △ABDと△ACEにおいて，

仮定より，AB＝AC　…①，

AD=AE　…②，∠BAD=∠CAE　…③

①～③より，2組の辺とその間の角がそれぞれ等しいから，△ABD≡△ACE

すなわち，BD＝CE

(3) △ADEと△BEFにおいて，

仮定より，AD＝BE　…①

△ABCは正三角形であるから，AB=BC

BE＝CFであるから，

AB＋BE＝BC＋CF

よって，AE＝BF　…②

また，∠DAE＝180°－60°＝120°

∠EBF＝180°－60°＝120°

よって，∠DAE＝∠EBF　…③

①～③より，2組の辺とその間の角がそれぞれ等しいから，△ADE≡△BEF

すなわち，DE＝EF　…④

同様に，△BEF≡△CFD

すなわち，EF＝FD　…⑤

④，⑤より，3辺が等しいから，△DEFは正三角形である。

(4) △ABDと△AEDにおいて，

仮定より，∠BAD＝∠EAD　…①

共通の辺だから，AD＝AD　…②

∠B=90°，AC⊥DEであるから，△ABDと△AEDは直角三角形である。

①，②より，斜辺と1つの鋭角がそれぞれ等しいから，△ABD≡△AED

すなわち，BD＝ED

よって，BD＋CD＝ED＋CD

すなわち，BC＝CD＋DE

AB＝BCであるから，AB＝CD＋DE

学習のアドバイス　得点が低かったところを読もう！

1 角度を求める問題では，二等辺三角形の底角が等しい性質や，正三角形の１つの角の大きさが60°である性質を使って解く問題も頻出です。

2「仮定→根拠→結論」の基本的な証明の流れは変わりません。根拠を述べる際は，どの三角形のどのような条件を用いているのかをきちんと書くように心がけましょう。

3 二等辺三角形や正三角形であることを証明する場合は，辺の長さが等しいことだけでなく，角の大きさが等しいことを証明するのも有効です。また，線分の長さの和を考えるときは，長さが等しい部分を探して，なるべく一直線になるように工夫しましょう。

4 ことがらの逆は，もとの仮定と結論を入れかえればよいです。ただし，もとのことがらが正しいからといって，その逆も常に正しいとは限らないことに注意しましょう。

覚えておきたい知識

【二等辺三角形】

・定義…２辺が等しい三角形。

・定理…① 二等辺三角形の２つの底角は等しい。

② 二等辺三角形の頂角の二等分線は，底辺を垂直に２等分する。

③ ２つの角が等しい三角形は，二等辺三角形である。

【正三角形】

・定義…３辺が等しい三角形。

・定理…① 正三角形の３つの角は等しい。

② ３つの角が等しい三角形は，正三角形である。

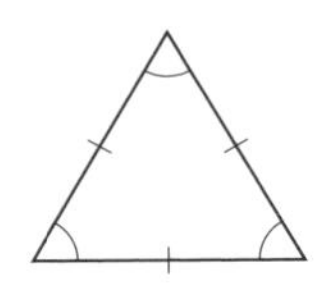

【直角三角形の合同】

・直角三角形の合同条件…① 斜辺と１つの鋭角がそれぞれ等しい

② 斜辺と他の１辺がそれぞれ等しい

【逆と反例】

・ことがらの逆…あることがらの仮定と結論を入れかえたもの。

・反例…あることがらについて，仮定は成り立つが結論は成り立たない例。

21 三角形と四角形②

本冊 P44，45

答え

1 (1) オ　(2) ア，ウ，オ　(3) イ，エ，オ

2 (1) 116°　(2) 14°

3 (1) ∠BME＝∠CMD　(2) ∠EBM＝∠DCM
(3) 1組の辺とその両端の角　(4) EM＝DM
(5) それぞれの中点で交わる

4 解説参照

解説

2

(1) AD//BCより，錯角が等しいから，
∠AEB＝64°
二等辺三角形の底角は等しいから，
∠ABE＝64°
平行四辺形の対角は等しいから，
∠ADC＝64°，∠x＝∠BAD
∠x＝(360°－64°×2)÷2＝116°

(2) AB//DCより，錯角が等しいから，
∠BAF＝83°
AB＝BC＝BFより，二等辺三角形の底角は等しいから，
∠BFA＝83°
∠x＝180°－83°×2＝14°

4

(1) 平行四辺形ABCDにおいて，
仮定より，AB＝BC　…①
平行四辺形の対辺は等しいから，
AB＝DC　…②，BC＝AD　…③
①～③より，4つの辺が等しいから，
平行四辺形ABCDはひし形である。

(2) 四角形ADCFにおいて，仮定より，
AE＝EC　…①，DE＝EF　…②
①，②より，対角線がそれぞれの中点で交わるから，四角形ADCFは平行四辺形である。　…③
△ABDと△ACDにおいて，仮定より，
AB＝AC，BD＝CD
共通の辺だから，AD＝AD
よって，△ABD≡△ACDであるから，
∠ADC＝∠ADB＝90°　…④
③，④より，四角形ADCFは4つの角が90°で等しいから，長方形である。

(3) △ABGと△AECにおいて，
正方形の2辺であるから，
AB＝AE　…①　，AG＝AC　…②
正方形の1つの角は90°であるから，
∠BAG＝∠BAC＋∠CAG
　　　＝∠BAC＋90°
∠EAC＝∠EAB＋∠BAC
　　　＝90°＋∠BAC
よって，∠BAG＝∠EAC　…③
①～③より，2組の辺とその間の角がそれぞれ等しいから，△ABG≡△AEC
すなわち，BG＝EC

(4) BとF，DとEをそれぞれ結ぶ。
AD//BCで，辺BEが共通であるから，
△ABE＝△DBE　…①
BD//EFで，辺BDが共通であるから，
△DBE＝△DBF　…②
AB//DCで，辺DFが共通であるから，
△DBF＝△AFD　…③
①～③より，△ABE＝△AFD

学習のアドバイス　得点が低かったところを読もう！

1 平行四辺形，長方形，ひし形の定義と定理を確認しましょう。長方形とひし形は平行四辺形の特別な場合です。正方形は長方形とひし形の両方の性質があります。

2 角度を求める問題で平行四辺形が出てくる場合は，平行線の同位角，錯角が等しいことや，2組の対角がそれぞれ等しいことをよく使います。これらと問題文の条件をもとに，わかる角度を図に書き込みながら考えていきましょう。

3 平行四辺形であることを証明する場合は，対辺，対角，対角線についての性質のうちいずれかを証明することを考えます。次に，それを証明するために役立ちそうな三角形や平行線に注目して，等しい長さの線分や等しい大きさの角を探していきましょう。

4 図形の証明問題では，長方形，ひし形，正方形といった特別な四角形の性質をしっかりと覚えて使えるようにすることが大切です。また，面積が等しいことを証明する問題では，平行線に注目して，底辺と高さが等しい三角形を探すのがコツです。

覚えておきたい知識

【平行四辺形】

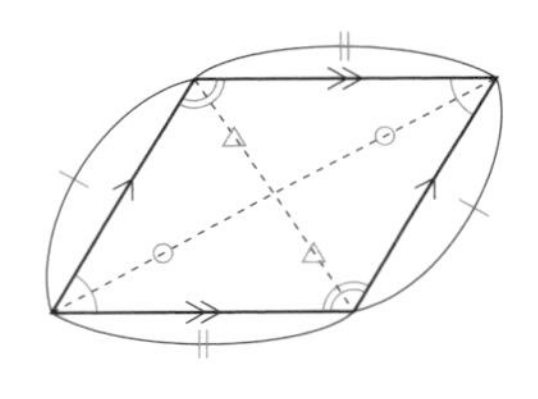

・定義…2組の対辺がそれぞれ平行な四角形。
・定理…①　平行四辺形の2組の対辺はそれぞれ等しい。
　　　　②　平行四辺形の2組の対角はそれぞれ等しい。
　　　　③　平行四辺形の対角線はそれぞれの中点で交わる。
　　　　④　1組の対辺が平行でその長さが等しい四角形は，平行四辺形である。

【長方形】

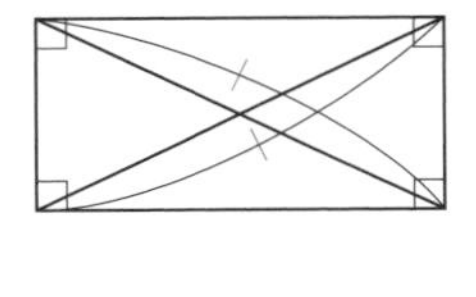

・定義…4つの角が等しい四角形。
・定理…長方形の対角線の長さは等しい。

【ひし形】

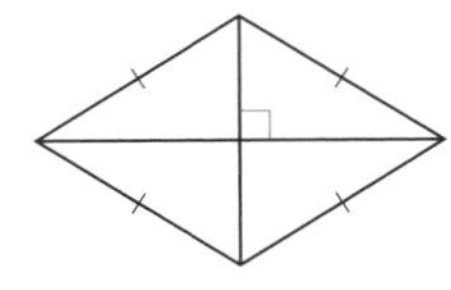

・定義…4つの辺が等しい四角形。
・定理…ひし形の対角線は垂直に交わる。

【正方形】

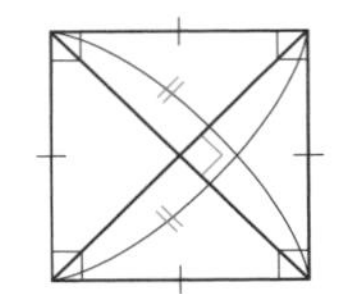

・定義…4つの角が等しく，4つの辺が等しい四角形。
・定理…正方形の対角線は長さが等しく垂直に交わる。

22 相似①

本冊 P46，47

答え

1 △ABC∽△QRP，２組の角がそれぞれ等しい
△DEF∽△UST，２組の辺の比とその間の角がそれぞれ等しい
△GHI∽△NOM，３組の辺の比がすべて等しい

2 (1)ア ∠BDF，∠BCE　イ $90° - \angle ABE$　ウ ２組の角　(2) 9cm

3 解説参照

4 (1)① 3：5　② $36cm^2$　(2)① $250cm^2$　② $48cm^3$

解説

1

$\angle C = 180° - 25° - 41° = 114° = \angle P$
$\angle B = \angle R = 25°$
よって，△ABC∽△QRP
DE：EF＝US：ST＝4：7
$\angle E = \angle S = 48°$
よって，△DEF∽△UST
GH：HI：IG＝NO：OM：MN＝5：4：6
よって，△GHI∽△NOM

2

(2) BC＝AB＝16cm，BE＝DB＝12cm
相似な図形では，対応する辺の長さの比が等しいから，
BC：BE＝BD：BF
16：12＝12：BF
よって，BF＝9cm

3

(1) △BCGと△DCEにおいて，
正方形の２辺であるから，
BC＝DC …①，CG＝CE …②
∠BCG＝∠DCE＝90° …③
①～③より，２組の辺とその間の角がそれぞれ等しいから，
△BCG≡△DCE

(2) △BCGと△DHGにおいて，(1)より，合同な図形では，対応する角の大きさが等しいから，∠CBG＝∠HDG …④
対頂角は等しいから，
∠BGC＝∠DGH …⑤
④，⑤より，２組の角がそれぞれ等しいから，△BCG∽△DHG

4

(1) △ADF，△AEG，△ABCはそれぞれ相似であり，相似比は1：2：3であるから，面積比は，$1^2 : 2^2 : 3^2 = 1 : 4 : 9$
よって，△ADFの面積をSとすると，
△AEG＝$4S$，△ABC＝$9S$
四角形DEGFの面積は，$4S - S = 3S$
四角形EBCGの面積は，$9S - 4S = 5S$
① $3S : 5S = 3 : 5$
② $81 \times \frac{4}{9} = 36(cm^2)$

(2) 立体P，Qの相似比が2：5であるから，
表面積の比は，$2^2 : 5^2 = 4 : 25$
体積比は，$2^3 : 5^3 = 8 : 125$
① $40 \times \frac{25}{4} = 250(cm^2)$
② $750 \times \frac{8}{125} = 48(cm^3)$

学習のアドバイス　得点が低かったところを読もう！

1 相似な三角形を見つける問題では，合同な三角形のときと同じく，辺の長さや角の大きさで同じ部分があってもすぐに相似と判断せず，相似条件にあてはまるかどうかをしっかりと確認してから答えましょう。また，三角形の相似条件は，合同条件の内容とは異なるので，混同しないようにしましょう。

2 三角形の相似の証明の流れも，合同の証明のときと変わりません。問題の仮定や図形の性質からわかることを挙げたうえで，どの相似条件にあてはまるかを明確に書きましょう。相似な図形では，対応する線分の長さの比や角の大きさが等しくなることも，合わせて頭に入れておきましょう。

3 図形の合同と相似を両方利用した証明問題も頻出です。「合同であることを証明する→対応する角の大きさが等しい→それを相似の証明に利用する」という流れで考えることが多いです。また，相似であることを証明する問題で，辺の長さについての情報がない場合は，使う相似条件はほぼ「2組の角がそれぞれ等しい」になると予想して考えてもよいでしょう。

4 相似な図形の面積比，体積比には公式があるので，まずはそれをしっかりと覚えましょう。また，面積を求める問題では，高さが等しい2つの三角形の面積比は底辺の長さの比に等しいこと，底辺が等しい2つの三角形の面積比は高さの比に等しいこともよく使うので，合わせて覚えておくとよいでしょう。

覚えておきたい知識

【三角形の相似】

・2つの図形が相似である…一方の図形を拡大または縮小すると，他方と合同になる。

・三角形の相似条件…① 3組の辺の比がすべて等しい
② 2組の辺の比とその間の角がそれぞれ等しい
③ 2組の角がそれぞれ等しい

【面積比と体積比】

・平面図形…2つの平面図形の相似比が $m : n$ のとき，面積比は $m^2 : n^2$

・立体図形…2つの立体図形の相似比が $m : n$ のとき，
表面積の比は $m^2 : n^2$，体積比は $m^3 : n^3$

23 相似②

本冊 P48，49

答え

1 (1) $x=10$　(2) $x=18$　(3) $x=12$　(4) $x=21$
(5) $x=15$　(6) $x=6$　(7) $x=12$　(8) $x=4$

2 (1) 15cm　(2) 49°

3 (1) 3：5　(2) 75cm^2　(3) 30cm^2

4 (1) 16m　(2) 19.5m

解説

1

(3) AB//CDより，
DE：BE＝CD：AB＝24：18＝4：3
EF//BCより，EF：BC＝DE：DB
x：21＝4：(4＋3)＝4：7　　$x=12$

(5) 図のように補助線をひく。

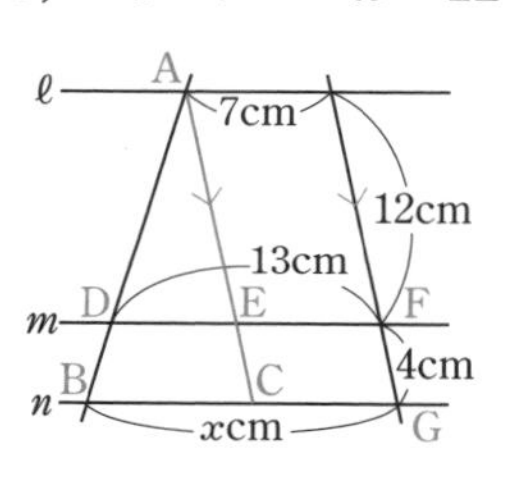

EF＝CG＝7cm
DE＝6cm
ここで，$m // n$ より，
DE：BC＝AE：AC
6：BC＝12：(12＋4)＝3：4
BC＝8cm
$x=8+7=15$

(8) ∠BAD＝∠CADより，
BE：EF＝AB：AF＝6：3＝2：1
∠ACE＝∠BCEより，
CB：CF＝BE：EF
8：x＝2：1　　$x=4$

2

(1) △CDBにおいて中点連結定理より，
DB＝2EF＝2×10＝20(cm)
△AEFにおいて中点連結定理より，
$$DG=\frac{1}{2}EF=\frac{1}{2}\times 10=5(\text{cm})$$
よって，BG＝20－5＝15(cm)

(2) △CDBにおいて中点連結定理より，
EF//DBであるから，∠CEF＝87°
よって，∠ACB＝180°－87°－44°＝49°

3

(1) AE＝ED，AD＝BCより，BC＝2ED
ED//BCより，
GD：GC＝ED：BC＝1：2
よって，GD＝DC
AB＝DC，DF：FC＝2：1より，
AB：FG＝DC：(GD＋DF)
＝(2＋1)：(2＋1＋2)＝3：5

(2) (1)と△ABH∽△FGHより，△ABHと△FGHの面積比は，$3^2:5^2=9:25$
よって，27：△FGH＝9：25
△FGH＝75cm^2

(3) △HFD：△HDG＝FD：DG＝2：3
$$\triangle HFD=75\times\frac{2}{2+3}=30(\text{cm}^2)$$

4

(1) 鉄塔の高さをxmとすると，
1.2：1.5＝x：20　　$x=16$

(2) 木の高さを線分ABで表すと，右の図のようになる。

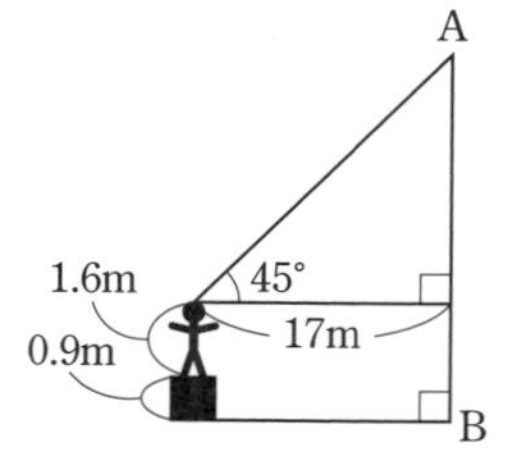

17＋1.6＋0.9
＝19.5(m)

学習のアドバイス ……………… 得点が低かったところを読もう！ ………………

1 三角形と線分の比，平行線と線分の比，角の二等分線と線分の比に関する問題です。どの線分が平行な場合に，どこの長さの比が等しくなるのかを，確実に判断できるようになりましょう。

2 中点連結定理を使うと，2つの線分が平行であることと，長さの比の両方がわかります。また，平行であることがわかれば，平行線の同位角，錯角が等しいことから，角度も求められる場合があります。非常に便利な定理なので，覚えておきましょう。

3 複雑な図形の線分の比を考える問題では，平行線と線分の比の関係が使えそうな部分をまず探してみましょう。問題で与えられた条件と合わせて1か所ずつ考えていくことで，徐々に辺の長さの比が求まってきます。

4 縮図を利用する文章題です。この問題のみならず，図が与えられていない問題では，自分で図をかいて考えていくことが重要です。

覚えておきたい知識

【三角形と線分の比】

右の図1・2において，DE//BCならば，

・AD：AB＝AE：AC＝DE：BC

・AD：DB＝AE：EC

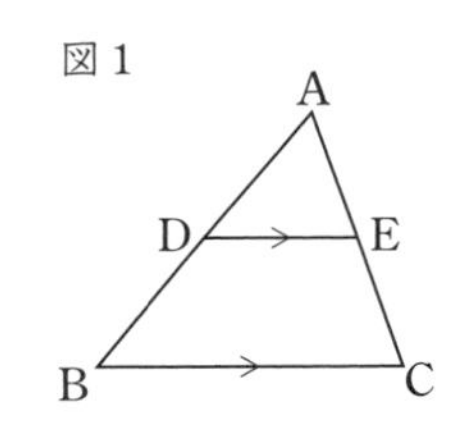

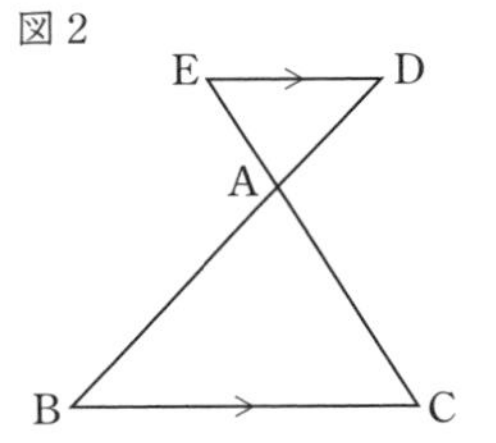

【平行線と線分の比】

右の図3において，$\ell // m // n$ならば，

・AB：BC＝DE：EF

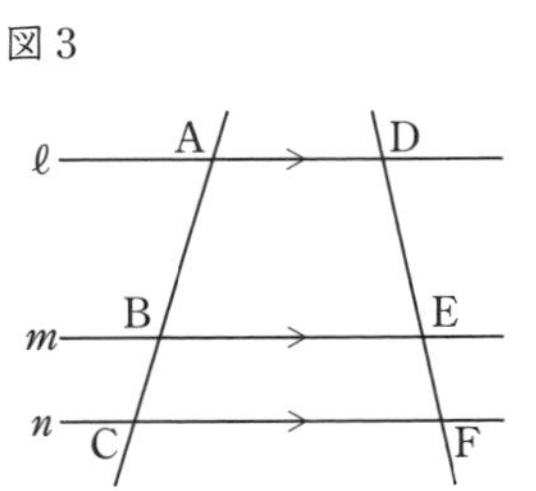

【角の二等分線と線分の比】

右の図4において，∠BAD＝∠CADならば，

・AB：AC＝BD：CD

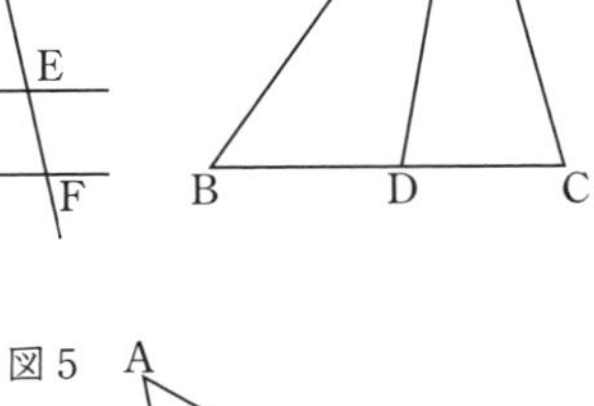

【中点連結定理】

右の図5において，点D，Eが辺AB，ACの中点ならば，

・DE//BC　　・DE＝$\frac{1}{2}$BC

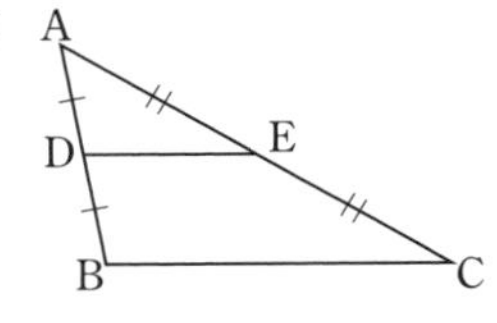

24 円

本冊 P50，51

答え

1 (1) 47°　(2) 32°　(3) 109°　(4) 25°
(5) 104°　(6) 42°　(7) 26°　(8) 60°

2 (1) 解説参照　(2) 53°

3 (1)① $(10-x)$cm　② $(18-2x)$cm　(2) $x=3$

4 (1) 解説参照　(2) 5cm

解説

1

(3) 360° − 142° = 218°
$\overparen{BC}$に対する円周角の定理より，
$\angle x = 218° \div 2 = 109°$

(4) $\overparen{BC}$に対する円周角の定理より，
$\angle BOC = 65° \times 2 = 130°$
△OBCはOB＝OCの二等辺三角形であるから，
$\angle x = (180° - 130°) \div 2 = 25°$

(5) $\overparen{BC}$に対する円周角の定理より，
$\angle BDC = 41°$　$\angle x = 41° + 63° = 104°$

(6) 円周角の大きさは弧の長さに比例するから，$\angle x = 21° \times 2 = 42°$

(7) 円の接線は接点を通る半径に垂直であるから，$\angle ABO = 90°$
$\angle x = 180° - 90° - 64° = 26°$

(8) 円の外部の点からその円にひいた２つの接線の長さは等しいから，CA＝CB
さらに，AB＝CAより，△ABCは正三角形であるから，$\angle x = 60°$

2

(1) △AEDの内角と外角の関係から，
$\angle EAD = 80° - 52° = 28°$
２点A，Bは直線CDについて同じ側にあり，∠CAD＝∠CBDであるから，円周角の定理の逆より，４点A，B，C，Dは１つの円周上にある。

(2) $\angle ABD = 180° - 47° - 80° = 53°$
(1)より，４点A，B，C，Dは１つの円周上にあるから，$\overparen{AD}$に対する円周角の定理より，$\angle ACD = \angle ABD = 53°$

3

(1)① $BE = BD = (10-x)$cm
② $AF = AD = x$cmより，
$CF = (8-x)$cm
$CE = CF = (8-x)$cmであるから，
$BC = (10-x) + (8-x) = (18-2x)$cm

(2) $18 - 2x = 12$　$x = 3$

4

(1) △ACDと△DCEにおいて，共通の角であるから，∠ACD＝∠DCE　…①
△CBDはBC＝DCの二等辺三角形であるから，∠CBD＝∠CDB
$\overparen{CD}$に対する円周角の定理より，
∠CBD＝∠CAD
よって，∠CAD＝∠CDE　…②
①，②より，２組の角がそれぞれ等しいから，△ACD∽△DCE

(2) 対応する辺の長さの比が等しいから，
AC : DC＝DC : EC
9 : 6＝6 : EC　　EC＝4cm
よって，AE＝9−4＝5(cm)

学習のアドバイス　……得点が低かったところを読もう！……

1 円周角の定理を使う際は，どの弧に対して考えるのかを明確にすることが大切です。弧の長さと円周角の関係や，接線が接点を通る半径に垂直であることなども，円が関係する角度の問題でよく問われるので，頭に入れておきましょう。

2 ある直線を基準に，同じ側に同じ大きさの角が見つかったときは，円周角の定理の逆の出番です。各点が１つの円周上にあることが証明できれば，円周角の定理を使って他の角を求めることができるようになります。

3 円の接線に関する問題で長さを問われた場合は，円の外部の点からその円にひいた２つの接線の長さが等しくなることを使って，どことどこの長さが同じになるのかを考えていくとよいでしょう。

4 円周角の定理は，等しい大きさの角がわかることから，三角形の相似を証明する問題で使われることも多いです。

覚えておきたい知識

【円周角の定理】

・１つの弧に対する円周角の大きさは，
　その弧に対する中心角の大きさの半分である。
・同じ弧に対する円周角の大きさは等しい。

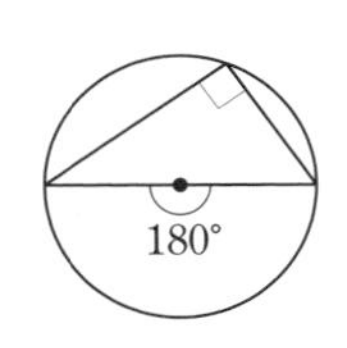

【円周角の定理の逆】

右の図において，２点A，Dが直線BCについて同じ側にあるとき，∠BAC＝∠BDCならば，４点A，B，C，Dは１つの円周上にある。

【円周角と弧】

・長さの等しい弧に対する円周角の大きさは等しい。
・円周角の大きさは弧の長さに比例する。

【円の接線】

・円の接線は，接点を通る半径に垂直である。
・円の外部の点からその円にひいた２つの接線の長さは等しい。

25 三平方の定理①

本冊　P52, 53

答え

1 (1) $x=2\sqrt{13}$　(2) $x=15$　(3) $x=12\sqrt{2}$　(4) $x=9$
(5) $x=2\sqrt{5}$　(6) $x=5\sqrt{2}$　(7) $x=3\sqrt{3}$　(8) $x=\sqrt{3}-1$

2 (1) 直角三角形でない　(2) 直角三角形である

3 (1) 12cm　(2) 6cm　(3) $4\sqrt{10}$cm

4 (1) 1cm　(2) $6\sqrt{6}$ cm^2

解説

1

(3) △ABD，△ACDにおいて三平方の定理より，

$AD^2=x^2-15^2$，　$AD^2=12^2-9^2$

$x^2-225=144-81$

$x^2=288$　　$x=\pm12\sqrt{2}$

$x>0$ より，$x=12\sqrt{2}$

(5) △ABC，△ADCにおいて三平方の定理より，

$AC^2=8^2+10^2$，$AC^2=x^2+12^2$

$64+100=x^2+144$

$x^2=20$　　$x=\pm2\sqrt{5}$

$x>0$ より，$x=2\sqrt{5}$

(8) 頂点Aから辺BCの延長に垂線AHをひく。

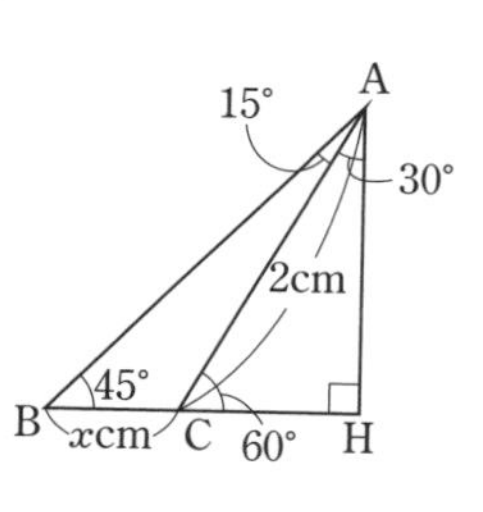

BH＝AH

$=\sqrt{3}$ cm

CH＝1cm

よって，$x=\sqrt{3}-1$

3

(1) CA＝$x$cmとすると，

BC＝$(x+4)$cm，　AB＝$(x+8)$cm

△ABCにおいて三平方の定理より，

$x^2+(x+4)^2=(x+8)^2$

$2x^2+8x+16=x^2+16x+64$

$x^2-8x-48=0$　　$x=-4,\ 12$

$x>0$ より，$x=12$

(2) 求める辺の長さを$x$cmとすると，もう一方の辺の長さは，

$24-10-x=14-x$(cm)

三平方の定理より，

$x^2+(14-x)^2=10^2$

$2x^2-28x+196=100$

$x^2-14x+48=0$　　$x=6,\ 8$

もっとも短い辺であるから，$x=6$

(3) 求める対角線の長さを$x$cmとすると，三平方の定理より，

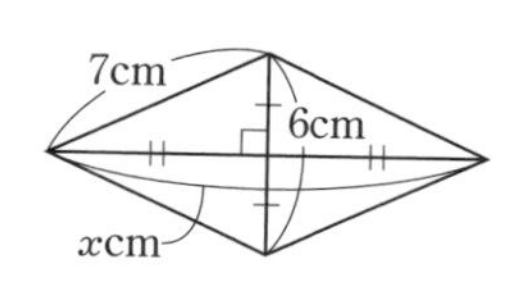

$$3^2+\left(\frac{x}{2}\right)^2=7^2$$

$x^2=160$　　$x=\pm4\sqrt{10}$

$x>0$ より，$x=4\sqrt{10}$

4

(1) BH＝$x$cmとすると，△ABH，△ACHにおいて三平方の定理より，

$AH^2=5^2-x^2$，　$AH^2=7^2-(6-x)^2$

$25-x^2=49-(36-12x+x^2)$

$12x=12$　　$x=1$

(2) (1)より，$AH=\sqrt{5^2-1^2}=2\sqrt{6}$(cm)

よって，△ABCの面積は，

$$\frac{1}{2}\times6\times2\sqrt{6}=6\sqrt{6}\ (\text{cm}^2)$$

学習のアドバイス ……… 得点が低かったところを読もう！………

1 三平方の定理を使う際は，$a^2+b^2=c^2$ の各文字に代入する値を間違えないように，どの辺が斜辺になるかを確かめてから計算しましょう。複数の直角三角形がある場合は，それぞれの三角形について三平方の定理を考えるのがポイントです。また，特別な直角三角形の辺の比 $1:1:\sqrt{2}$，$1:2:\sqrt{3}$ は，必ず覚えておきましょう。

2 もっとも長い辺を斜辺として，$a^2+b^2=c^2$ の式に代入し，それが成り立つかどうかを調べます。成り立てば，その三角形は直角三角形です。これを，三平方の定理の逆といいます。

3 三平方の定理の問題では，求めたい辺の長さを x とおき，三平方の定理を使うことで，x についての２次方程式になる場合が多いです。ただし，求めた解が問題に適しているかどうかは，必ず最後に確かめる必要があります。辺の長さを考えているはずなのに，x の値が負になるような場合は，答えとして適さないので要注意です。

4 高さがわからず，３辺の長さがわかっている三角形の面積を求める問題では，頂点から底辺に垂線をひき，直角三角形をつくって三平方の定理を使うのがコツです。よく問われる問題なので，解き方の流れを頭に入れておきましょう。

覚えておきたい知識

【三平方の定理とその逆】

・三平方の定理…右の図において，$a^2+b^2=c^2$ が成り立つ。

・三平方の定理の逆…３辺の長さが a，b，c である三角形において，$a^2+b^2=c^2$ が成り立つならば，その三角形は，長さ c の辺を斜辺とする直角三角形である。

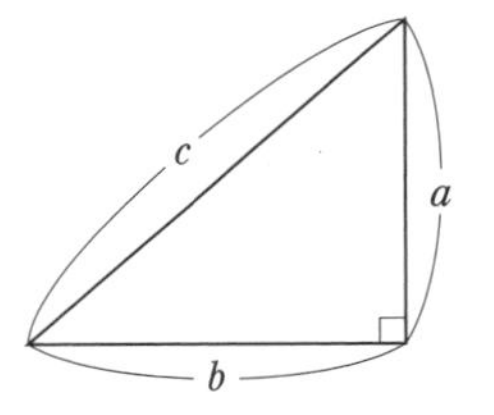

【特別な直角三角形の辺の比】

・直角二等辺三角形
　…辺の比は，$1:1:\sqrt{2}$

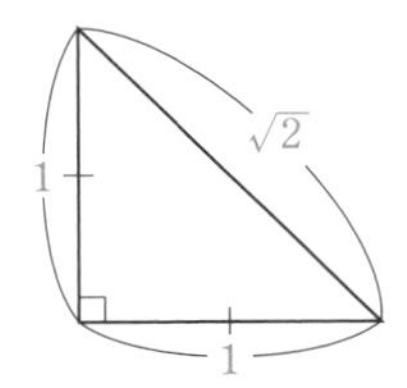

・３つの角が 30°，60°，90° の三角形
　…辺の比は，$1:2:\sqrt{3}$

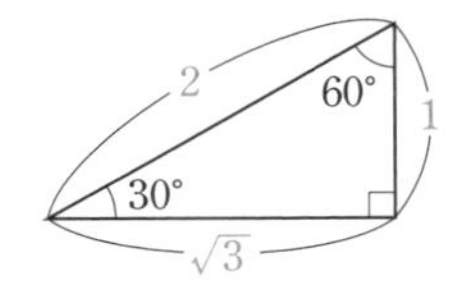

26 三平方の定理②

本冊 P54, 55

答え

1 (1)① $3\sqrt{5}$　② $\sqrt{65}$　③ $2\sqrt{5}$　(2) $\angle A=90^\circ$ の直角三角形

(3) 15

2 (1)① $x=\sqrt{7}$　② $x=8$　(2)① 5cm　② $\sqrt{61}$cm

3 (1) 25cm^2　(2) $5\sqrt{5}$ cm　(3) $2\sqrt{5}$ cm

4 (1) $3\sqrt{7}$ cm　(2) $36\sqrt{7}\text{ cm}^3$　(3) $(36+72\sqrt{2})\text{cm}^2$

5 $\sqrt{97}$cm

解説

1

(1)① $\sqrt{\{2-(-1)\}^2+\{4-(-2)\}^2}=3\sqrt{5}$

② $\sqrt{(-1-6)^2+(-2-2)^2}=\sqrt{65}$

③ $\sqrt{(2-6)^2+(4-2)^2}=2\sqrt{5}$

(2) $AB^2+AC^2=BC^2$ が成り立つ。

(3) $\frac{1}{2}\times3\sqrt{5}\times2\sqrt{5}=15$

2

(1)① $AH=6\div2=3(\text{cm})$

△OAHにおいて三平方の定理より，

$x=\sqrt{4^2-3^2}=\sqrt{7}$

② $\angle OAB=90^\circ$ であるから，

△OABにおいて三平方の定理より，

$5+x=\sqrt{5^2+12^2}=13$　$x=8$

(2)② △O′OHにおいて三平方の定理より，

$OO'=\sqrt{5^2+6^2}=\sqrt{61}(\text{cm})$

3

(1) △ABCにおいて三平方の定理より，

$AC=\sqrt{6^2+8^2}=10(\text{cm})$

よって，△ACGの面積は，

$\frac{1}{2}\times10\times5=25(\text{cm}^2)$

(2) △ACGにおいて三平方の定理より，

$AG=\sqrt{5^2+10^2}=5\sqrt{5}(\text{cm})$

(3) (1)，(2)より，AGを底辺とみると，

$\frac{1}{2}\times5\sqrt{5}\times CI=25$　$CI=2\sqrt{5}$ cm

4

(1) $BD=6\sqrt{2}$ cmであるから，

$BH=6\sqrt{2}\div2=3\sqrt{2}(\text{cm})$

△OBHにおいて三平方の定理より，

$OH=\sqrt{9^2-(3\sqrt{2})^2}=3\sqrt{7}(\text{cm})$

(2) $\frac{1}{3}\times(6\times6)\times3\sqrt{7}=36\sqrt{7}(\text{cm}^3)$

(3) 頂点Oから辺BCに垂線OEをひくと，$BE=6\div2=3(\text{cm})$

△OBEにおいて三平方の定理より，

$OE=\sqrt{9^2-3^2}=6\sqrt{2}(\text{cm})$

△OBCの面積は，

$\frac{1}{2}\times6\times6\sqrt{2}=18\sqrt{2}(\text{cm}^2)$

よって，正四角錐の表面積は，

$6\times6+18\sqrt{2}\times4=36+72\sqrt{2}(\text{cm}^2)$

5

展開図の一部をかくと，糸の長さが最短になるときは，上の図の線分AFのようになるから，$\sqrt{4^2+(3+3+3)^2}=\sqrt{97}(\text{cm})$

学習のアドバイス　得点が低かったところを読もう！

1 座標平面上の2点間の距離は，$\sqrt{(x座標の差)^2+(y座標の差)^2}$を計算することで求められます。$x$座標と$y$座標を間違えたり，符号のミスが起こったりしやすいので，どの値からどの値をひいたものを2乗するのかに気をつけて計算しましょう。

2 円が出てくる問題で三平方の定理を使うこともよくあります。円の中心から弦にひいた垂線は弦を垂直に2等分することや，円の接線は接点を通る半径に垂直であることといった，垂直が関係する円の性質を復習しておきましょう。

3 三平方の定理は，空間図形の問題にもよく使われます。どの三角形に注目して三平方の定理を使えばよいのか，どの線分を底辺とみて面積を考えればよいのかといった，1つの数量をいろいろな視点から考えることが重要になります。なお，直方体の対角線は，$\sqrt{(縦の長さ)^2+(横の長さ)^2+(高さ)^2}$で求めることも可能です。

4 錐体の体積の求め方自体は中1で習いますが，高さがわかっていない場合は，三平方の定理を使って高さを求める必要が出てきます。まずは頂点から底面に垂線をひき，できた直角三角形を使って考えていきましょう。

5 立体の表面上の最短経路は，展開図をかいて2点を直線で結んだ場合を考えるのが鉄則です。このように，立体で考えるのが難しい問題は，平面上で考えるとよいです。

覚えておきたい知識

【座標平面上の2点間の距離】

・2点A(x_1, y_1)，B(x_2, y_2)の間の距離は，

$$AB=\sqrt{(x_1-x_2)^2+(y_1-y_2)^2}$$

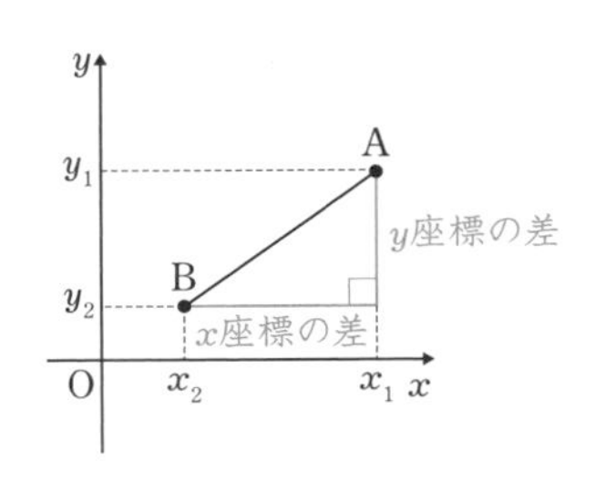

【直方体の対角線の長さ】

・縦がa，横がb，高さがcの直方体の対角線の長さℓは，

$$\ell=\sqrt{a^2+b^2+c^2}$$

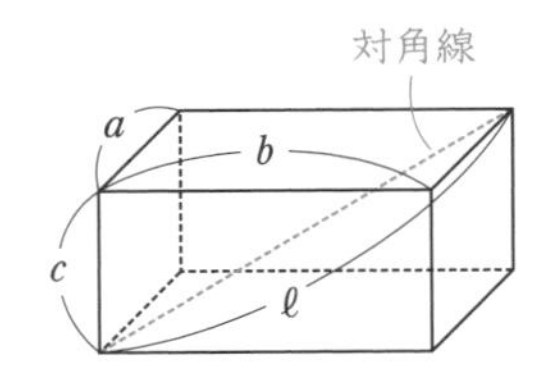

27 データの活用①

本冊 P56, 57

答え

1 (1)① 47kg　② 49kg　③ 17kg　④ 48.8kg
(2)① 解説参照　② 47.5kg　③ 49.2kg　④ 0.4kg
(3) 解説参照

2 解説参照

3 (1)① 30人　② 45人　(2) 3年生

解説

1

(1)③ 58－41＝17(kg)

④ (44＋41＋58＋47＋43＋51＋54＋49＋47＋56＋49＋50＋46＋50＋47)÷15＝48.8(kg)

(2)①

階級(kg)	度数(人)
40以上45未満	3
45 ～ 50	6
50 ～ 55	4
55 ～ 60	2
計	15

② (45＋50)÷2＝47.5(kg)

③ 各階級値は順に，42.5kg，47.5kg，52.5kg，57.5kgであるから，
(42.5×3＋47.5×6＋52.5×4＋57.5×2)÷15＝49.166…
より，49.2kg

④ 49.2－48.8＝0.4(kg)
実際の平均値と近い値になっていることがわかる。

(3)①②

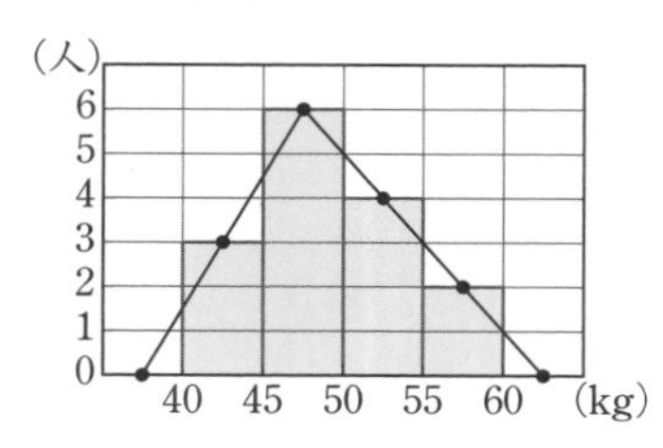

2

(1)(2)(4)(5)

階級(g)	度数(個)	相対度数	累積度数(個)	累積相対度数
15以上20未満	1	0.05	1	0.05
20 ～ 25	6	0.30	7	0.35
25 ～ 30	7	0.35	14	0.70
30 ～ 35	4	0.20	18	0.90
35 ～ 40	2	0.10	20	1.00
計	20	1.00		

(3)

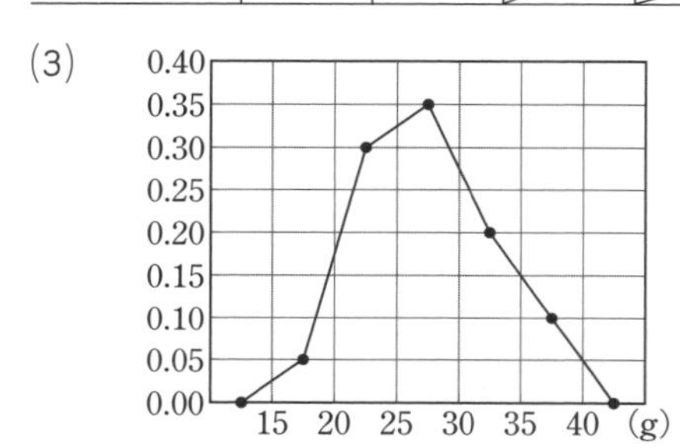

3

(1)① 通学時間が0～10分の1年生の相対度数はグラフより，0.30
よって，100×0.30＝30(人)

② 通学時間が20分以上の3年生の相対度数はグラフより，0.30＋0.20＝0.50
よって，90×0.50＝45(人)

(2) 1年生と比べて，3年生の方が，0～20分の相対度数が小さく，20分以上の相対度数が大きい。

学習のアドバイス ……… 得点が低かったところを読もう！

1 それぞれの代表値の定義を確認しましょう。平均値，中央値，最頻値は，小学校の学習でも出てきています。また，中央値や最頻値を求めたり，度数分布表やヒストグラムをかいたりする場合には，与えられたデータを大きさの順に並べ替えることで，考えやすくなります。並べ替える際は，データの見落としがないように注意しましょう。

2 相対度数，累積度数，累積相対度数の定義を確認しましょう。これらを求める際は，まずは各階級の度数を調べることから始めるとよいでしょう。

3 データの活用の単元では，グラフや表が与えられて，それを読み取る問題が多く出題されます。答えを出すためにはどの数値を読み取ればよいのか，グラフや表からはどのような傾向が見られるのかを意識するようにしましょう。

覚えておきたい知識

【代表値】

・平均値…(データの値の合計)÷(データの個数)
・中央値…データを大きさの順に並べたときの中央の値。
・最頻値…データの中でもっとも多く現れる値。
・範囲…データにおける最大値から最小値をひいた差。

【度数分布表とヒストグラム】

・階級…データを整理する区間。
・階級値…その階級の中央の値。
・度数…各階級にふくまれるデータの個数。

階級(kg)	度数(人)
40 以上 45 未満	3
45 ～ 50	6
50 ～ 55	4
55 ～ 60	2
計	15

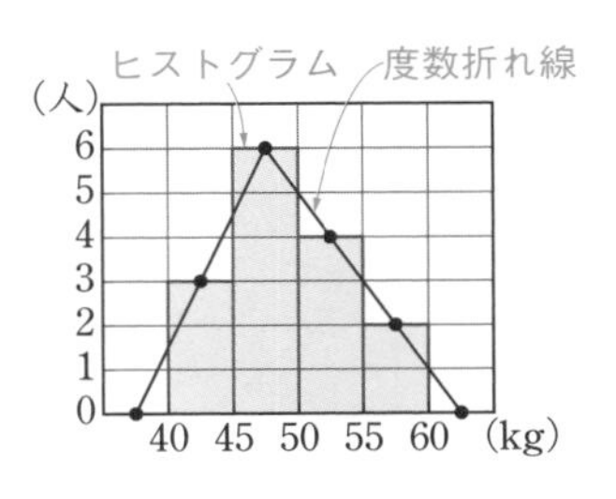

【データの比較】

・相対度数…
(その階級の度数)÷(度数の合計)
・累積度数…各階級以下または各階級以上の階級の度数をたし合わせたもの。
・累積相対度数…
(その階級の累積度数)÷(度数の合計)

階級(g)	度数(個)	相対度数	累積度数(個)	累積相対度数
15 以上 20 未満	1	0.05	1	0.05
20 ～ 25	6	0.30	7	0.35
25 ～ 30	7	0.35	14	0.70
30 ～ 35	4	0.20	18	0.90
35 ～ 40	2	0.10	20	1.00
計	20	1.00		

28 データの活用②

本冊 P58, 59

答え

1 (1)① 17　② 6　(2)① 16　② 5
(3)① 19　② 5　(4)① 20　② 9.5

2 (1) $a=87$, $b=88$　(2) 85点

3 (1)① 25点　② 40点　(2) 解説参照　(3) グループB

4 (1) 1班　(2) 3班　(3) 4班

解説

1

(1) 第1四分位数…14
第2四分位数…17　第3四分位数…20

(2) 第1四分位数…14
第2四分位数…$(15+17)\div2=16$
第3四分位数…19

(3) 第1四分位数…$(16+17)\div2=16.5$
第2四分位数…19
第3四分位数…$(21+22)\div2=21.5$

(4) 第1四分位数…$(13+16)\div2=14.5$
第2四分位数…$(19+21)\div2=20$
第3四分位数…$(23+25)\div2=24$

2

(1) a, b以外のデータを大きさの順に並べ替えると,
76, 77, 78, 81, 83, 88, 90, 92
データの個数は10なので, 第3四分位数は最大値から3個めの88であり, これは条件に合っている。すなわち, a, bは88以下の値である。
平均値が84点であるから,
$76+77+78+81+83+88+90+92+a+b=84\times10$
よって, $a+b=175$
a, bが88以下であることと$a<b$から,
$a=87$,　$b=88$

(2) $(83+87)\div2=85$(点)

3

(2)①
②

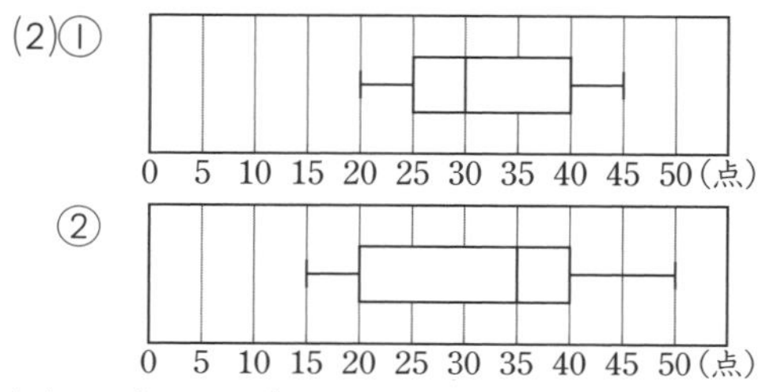

(3) グループBの方が, 箱の長さが長い。

4

(1) 箱の長さがもっとも長い班であるから, 1班。

(2) データの個数は15なので, 中央値から最大値までのデータの個数は8である。よって, 中央値が30mより大きい班であるから, 3班。

(3) データの個数は15なので, 最小値から第1四分位数までのデータの個数は4である。よって, 第1四分位数が24m未満の班であるから, 4班。

学習のアドバイス ……得点が低かったところを読もう！……

1 第１四分位数，第３四分位数，四分位範囲の定義を確認しましょう。第２四分位数は中央値のことです。これらを求める際は，データの個数によっては，２つの値の平均値を計算する必要があることに注意しましょう。

2 一部のデータの値が不明な場合，データの個数や平均値，四分位数などがわかっていれば，そこから逆算してデータの値を求めることができる場合があります。

3 四分位数と最大値，最小値がわかれば，箱ひげ図をかくことができます。箱ひげ図のどの部分がどのような意味を表しているかを，しっかり覚えましょう。また，箱ひげ図は，箱やひげの長さに注目することで，そのデータの散らばりの程度を比べることができます。

4 箱ひげ図では，１つ１つのデータの具体的な値はわからなくても，データの個数や，箱ひげ図から読み取った四分位数を用いて考えるとわかることがらがあります。図の形から直感で選ぶのではなく，与えられた数値をきちんと使って考えることが大事です。

覚えておきたい知識

【四分位数と四分位範囲】

・四分位数…データを値の大きさの順に並べたとき，４等分する位置にくる値。小さい方から順に，第１四分位数，第２四分位数(中央値)，第３四分位数という。

・四分位範囲…(第３四分位数)－(第１四分位数)

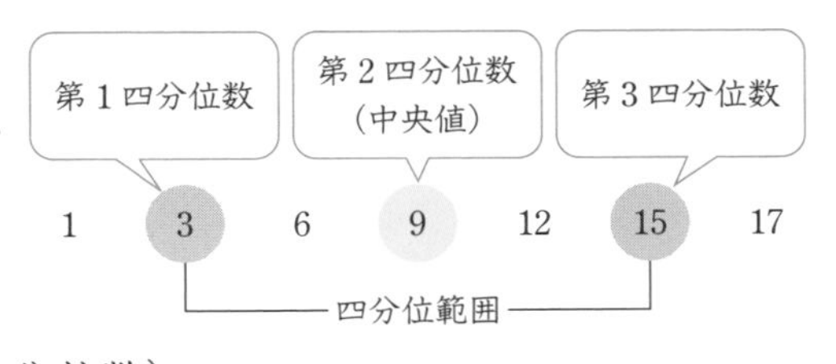

【箱ひげ図】

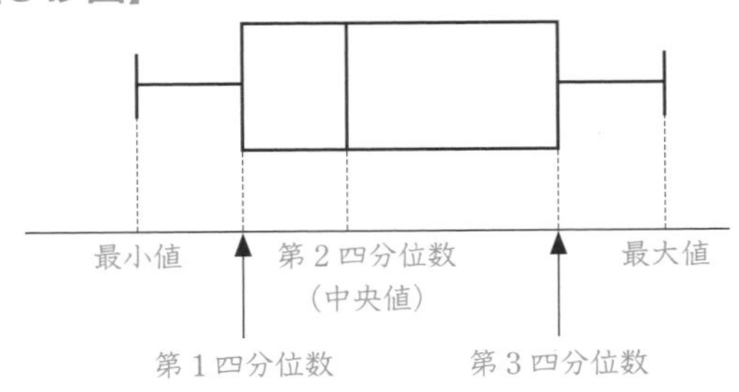

29 確率

本冊 P60, 61

答え

1 (1)① $\frac{2}{3}$ ② $\frac{1}{2}$ (2)① $\frac{2}{15}$ ② $\frac{4}{15}$ (3)① $\frac{1}{8}$ ② $\frac{3}{8}$

2 (1)① $\frac{3}{13}$ ② $\frac{10}{13}$ (2) $\frac{5}{6}$ (3) $\frac{7}{10}$

3 (1) $\frac{5}{36}$ (2) $\frac{7}{36}$

4 (1) $\frac{2}{9}$ (2) $\frac{1}{9}$ (3) $\frac{1}{3}$

5 (1) $\frac{1}{2}$ (2) $\frac{5}{6}$

解説

1

(3) 表裏の出方は全部で,
$2\times2\times2=8$(通り)
② (表, 表, 裏), (表, 裏, 表),
(裏, 表, 表)の3通り。

2

(3) 玉の取り出し方は全部で, (黒1, 黒2), (黒1, 白1), (黒1, 白2), (黒1, 白3), (黒2, 白1), (黒2, 白2), (黒2, 白3), (白1, 白2), (白1, 白3), (白2, 白3)の10通り。
2個とも白玉である場合は3通り。
求める確率は, $1-\frac{3}{10}=\frac{7}{10}$

3

目の出方は全部で, $6\times6=36$(通り)

(1) 出た目の数の和が8になるのは, (2, 6), (3, 5), (4, 4), (5, 3), (6, 2)の5通り。

(2) 出た目の数の積が12の倍数になるのは, (2, 6), (3, 4), (4, 3), (6, 2), (4, 6), (6, 4), (6, 6)の7通り。

4

グーをグ, チョキをチ, パーをパで表す。
手の出し方は全部で, $3\times3\times3=27$(通り)

(1) (グ, チ, パ), (グ, パ, チ), (チ, グ, パ), (チ, パ, グ), (パ, グ, チ), (パ, チ, グ)の6通り。

(2) (グ, チ, チ), (チ, パ, パ), (パ, グ, グ)の3通り。

(3) (2)より, Aさん1人が勝つ場合は3通り。
AさんとBさんが勝つ場合, AさんとCさんが勝つ場合も同様に数えると, それぞれ3通り。よって, 合計9通り。

5

当たりを○, はずれを×で表す。
くじの引き方は全部で, 下の12通り。

○1 ― ○2, ×1, ×2
○2 ― ○1, ×1, ×2
×1 ― ○1, ○2, ×2
×2 ― ○1, ○2, ×1

(2) 2人ともはずれる場合は, (×1, ×2), (×2, ×1)の2通り。
求める確率は, $1-\frac{2}{12}=\frac{10}{12}=\frac{5}{6}$

学習のアドバイス ……… 得点が低かったところを読もう！………

1 確率の求め方の基本は，$\dfrac{(\text{そのことがらの起こる場合の数})}{(\text{すべての場合の数})}$ を計算することです。

まずは，起こりうるすべての場合が何通りあるのかを調べます。次に，指定されたことがらが起こる場合が何通りあるのかを調べます。最後に，それらを分数にして表します。

2 「～でない確率」や「少なくとも１つは～な確率」というキーワードを見つけたら，起こらない確率の考え方の出番です。「～である確率」，「すべて～な確率」を先に計算し，「(起こらない確率)＝1－(起こる確率)」を使うとらくに求められる場合が多いです。

3 2個のさいころの出た目を考える問題では，それぞれの目の出方とその和や積について，表などに整理してから解くと，よりわかりやすくなります。

4 「Aさんが勝つ確率」といっても，Aさん1人だけが勝つのか，Aさんの他にも勝つ人がいるのかによって状況が異なるので注意しましょう。また，Bさん，Cさんが勝つ確率も，同様に考えると $\dfrac{1}{3}$ になることがわかります。

5 起こりうるすべての場合の数がわかりにくいときは，樹形図を使って整理するとよいでしょう。

覚えておきたい知識

【確率の基本】

・どの場合の起こることも同じ程度に期待できるとき，各場合の起こることは同様に確からしいという。

・各場合の起こることが同様に確からしい実験や観察において，起こりうるすべての場合がn通り，ことがらAの起こる場合がa通りあるとき，

ことがらAの起こる確率pは，$p=\dfrac{a}{n}$ ←$\dfrac{(\text{ことがらAの起こる場合の数})}{(\text{すべての場合の数})}$

・確率pの値の範囲は，$0 \leqq p \leqq 1$

【起こらない確率】

ことがらAについて，　(Aの起こらない確率)＝1－(Aの起こる確率)

30 標本調査

本冊　P62，63

答え

1 (1) 全数調査　(2) 標本調査　(3) 標本調査　(4) 全数調査

2 (1) ×　(2) ○　(3) ×　(4) ×　(5) ○

3 (1)① 84人　② 15人　(2)① 158人　② 79人
(3)① 234人　② 39人

4 (1) 9回　(2) 約8400g

5 (1) 約250匹　(2) 約720個　(3) 約25本

解説

1

(2) 日本の中学生全員を調べるのは現実的でないため，全数調査は適さない。

(3) 製品として売る電球がなくなるため，全数調査は適さない。

2

(1)(3)(4) いずれも，抽出法にかたよりがある。

(2)(5) くじ引きや乱数さいの結果は偶然によるから，抽出法にかたよりがない。

3

(2) 母集団の大きさは2年生全員なので，
$83+75=158$(人)
標本の大きさは，
$158\div 2=79$(人)

(3) 母集団の大きさは男子全員なので，
$74+83+77=234$(人)
標本の大きさは，
$234\times\frac{1}{6}=39$(人)

4

(1) $(11+7+10+12+5+9)\div 6=9$(回)

(2) 標本平均は，
$(67+72+80+64+69+68+74+66)\div 8$
$=70$(g)
よって，みかん1個の重さの平均は70gと考えられるから，120個のみかんの重さの合計は約，
$70\times 120=8400$(g)

5

(2) 取り出した玉50個のうち，黒玉の割合は，$\frac{2}{50}=\frac{1}{25}$
よって，母集団における黒玉の割合も$\frac{1}{25}$と考えられるから，すべての玉の個数は約，
$30\div\frac{1}{25}=750$(個)
したがって，白玉の個数は約，
$750-30=720$(個)

(3) 標本平均は，
$(1+2+0+3)\div 4=1.5$(本)
よって，当たりくじの割合は，$\frac{1.5}{60}=\frac{1}{40}$と考えられるから，当たりくじの本数は約，
$1000\times\frac{1}{40}=25$(本)

学習のアドバイス　得点が低かったところを読もう！

1 全数調査と標本調査の定義を確認しましょう。また，どちらの調査が適しているかを判断するには，「全数調査が現実的かどうか」を考えましょう。母集団が大きすぎたり，全数調査自体が不可能であったりする場合は，標本調査を行います。

2 標本調査を行うときには，結果が母集団の状況をよく表すように，標本は無作為に抽出しなくてはなりません。無作為に抽出するためには，乱数さい，乱数表，くじ引きなど，結果が偶然による方法を利用します。

3 母集団の大きさ，標本の大きさの定義を確認しましょう。対象全体が母集団，取り出された集まりが標本と覚えておくとわかりやすいです。

4 標本調査では，標本平均の結果から，母集団全体の平均を推定することができます。標本平均の計算自体は，単なる平均値を求める計算と変わりません。

5 標本調査では，標本における割合から，母集団全体における割合を推定することができます。考え方は，まず標本における割合を求めて，それを母集団全体に対して適用するだけです。何が母集団で何が標本かさえわかれば，あとは難しくありません。

覚えておきたい知識

【母集団と標本】

・全数調査…対象とする集団すべてに対して行う調査。
・標本調査…対象とする集団の一部に対して行う調査。
・母集団…標本調査において，調査する対象全体。
・母集団の大きさ…母集団にふくまれるものの個数。
・標本…標本調査において，母集団から取り出されたものの集まり。
・標本の大きさ…標本にふくまれるものの個数。
・抽出…母集団から標本を取り出すこと。
・無作為に抽出する…母集団からかたよりなく標本を抽出すること。

【標本平均と母集団の推定】

・標本平均…母集団から抽出した標本の平均値。
・母集団の推定…(標本における比率)＝(母集団における比率)と考える。

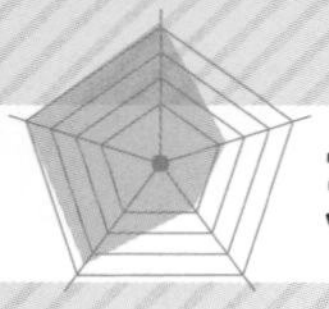

理解度チェックシート

各単元の得点を棒グラフに整理して，自分の弱点を「見える化」しましょう！

単元	～50	60	70	80（合格ライン）	90	100点
例　○○○○						
1　正の数と負の数						
2　式の計算①						
3　式の計算②						
4　式の計算③						
5　平方根						
6　1次方程式						
7　連立方程式						
8　2次方程式						
9　比例と反比例						
10　1次関数①						
11　1次関数②						
12　関数$y=ax^2$①						
13　関数$y=ax^2$②						
14　平面図形①						
15　平面図形②						
16　空間図形①						
17　空間図形②						
18　図形の性質と合同①						
19　図形の性質と合同②						
20　三角形と四角形①						
21　三角形と四角形②						
22　相似①						
23　相似②						
24　円						
25　三平方の定理①						
26　三平方の定理②						
27　データの活用①						
28　データの活用②						
29　確率						
30　標本調査						

単元	～50	60	70	80	90	100点
				合格ライン		
例　○○○○						
1　正の数と負の数						
2　式の計算①						
3　式の計算②						
4　式の計算③						
5　平方根						
6　1次方程式						
7　連立方程式						
8　2次方程式						
9　比例と反比例						
10　1次関数①						
11　1次関数②						
12　関数$y=ax^2$①						
13　関数$y=ax^2$②						
14　平面図形①						
15　平面図形②						
16　空間図形①						
17　空間図形②						
18　図形の性質と合同①						
19　図形の性質と合同②						
20　三角形と四角形①						
21　三角形と四角形②						
22　相似①						
23　相似②						
24　円						
25　三平方の定理①						
26　三平方の定理②						
27　データの活用①						
28　データの活用②						
29　確率						
30　標本調査						

※理解度チェックシートは，2回分つけてあります。有効に活用してください。

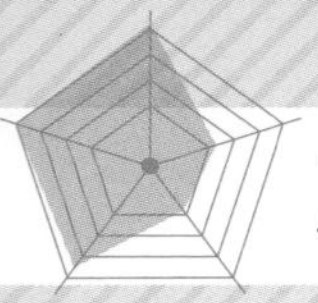

次はこの本がオススメ！

このページでは，本書の学習を終えた人に向けて，数研出版の高校入試対策教材を紹介しています。明確になった今後の学習方針に合わせて，ぜひ使ってみてください。

①　すべての単元が，「合格ライン」80 点以上の場合

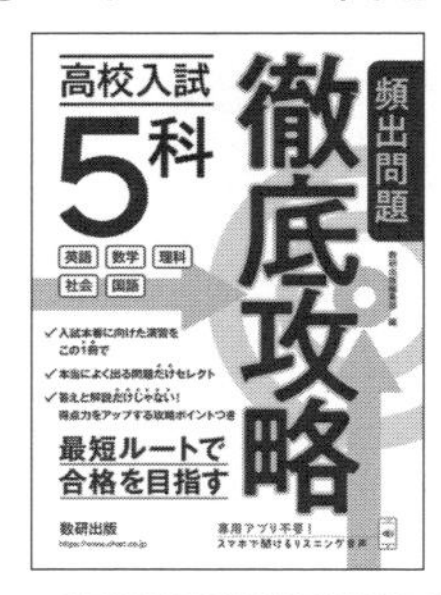

『高校入試５科　頻出問題徹底攻略』

- 全国の公立高校入試から頻出問題を厳選した問題集。英，数，国，理，社５教科の過去問演習がこの１冊で可能。
- 別冊解答では，答えと解説に加えて，必要な着眼点や注意事項といった入試攻略のポイントを丁寧に解説。
- 入試本番を意識した模擬テストも付属。

こんな人にオススメ！
・基礎が身についており，入試に向けて実戦力をつけたい人
・効率よく５教科の問題演習や対策を行いたい人

②　一部の単元が，「合格ライン」80 点に届かない場合

『チャート式　中学数学　総仕上げ』

- 中学３年間の総復習と高校入試対策を１冊でできる問題集。復習編と入試対策編の２編構成。
- 復習編では，中学校の学習内容を網羅し，基本問題と応用問題で段階的な学習が可能。
- 入試対策編では，入試で頻出のテーマを扱い，実戦力を強化。

こんな人にオススメ！
・基礎から応用，入試対策までを幅広くカバーしたい人
・苦手分野の基礎固めを完成させたい人

③　多くの単元が，「合格ライン」80 点に届かない場合

『とにかく基礎　中１・２の総まとめ　数学』

- 中１，２でおさえておきたい重要事項を１冊に凝縮した，効率よく復習ができる問題集。
- いろいろな出題形式で基本問題を反復練習できるようになっており，基礎固めに最適。
- 基礎知識を一問一答で確認できる，ICT コンテンツも付属。

こんな人にオススメ！
・中１，２の内容を基礎からもう一度復習したい人
・基本問題の反復練習で，知識をしっかりと定着させたい人